철도의 미래 **2030**년의 **철도**

TETSUDO SOUKEN NO KENKYUSHA GA EGAKU 2030 NEN NO TETSUDO
edited by Railway Technical Research Institute '2030 nen no Tetsudo' chosa group

Originally published in Japan by KOTSU SHIMBUNSHA COMPANY
Korean translation rights arranged with Railway Technical Research Institute
through BESTUN KOREA AGENCY

책에서는 철도의 미래에 중대한 영향을 미칠 수 있는 주된 요인으로서 '저출산 · 고령화', '지구온난화', '철도 이의 합의 형성' 및 '자동차 기술의 비약적 향상'을 지목하였다. 그리고 시나리오 · 플래닝이라는 새로운 검토 수법 바탕으로 철도 전체를 조감함으로써 철도의 미래상을 그려보았다. 철도의 미래는 어떠한 모습일지 독자 여러도 함께 상상해보도록 하자.

2017년도 대한민국학술원 선정 우수학술도서

철도의 미래 2030년의 철도

재단법인 철도총합기술연구소 '2030년의 철도' 조사 그룹 저
이성혁, 오정호, 김성일 공역

씨아이알

서론

새로운 기술을 개발할 때의 방법으로는 현재의 것을 개량하여 보다 좋은 것으로 하는 방법과 앞선 시대를 간파하여 그 시대에 걸맞은 기술을 개발하고자 하는 방법이 있다.

철도 기술개발을 하고 있는 철도기술연구소에서는 평상시는 현재 상태를 개량해 나가는 방법을 취하는 경우가 많으나 몇 년에 한 번은 장래 사회의 연구로부터 수요를 찾는 방법도 실시하고 있다. 지금으로부터 20년 정도 전에 시행된 대대적인 조사결과는 『1999년 일본의 철도』라는 책에 정리되어 있다. 십수 년 후의 철도상을 예상한 것이지만 실제로는 상당히 장기적인 철도기술 방향을 전망하고 장래를 말해 준다.

그로부터 상당한 시간이 경과하였으므로 시대의 변화를 바탕으로 다시 20여 년 앞의 철도 미래상의 조사에 나서게 된 것은 3년 전의 일이다. 마침 20년 후의 통계적인 예측치가 공표되기 시작하여 장래 일본의 모습이 어슴푸레하게나마 보이지는 않을까 생각한 것이다. 차량, 전기, 궤도, 구조물, 인간과학, 환경, 재료 등의 기술 분야로부터 연구자가 모여 연구회를 구성하였다.

그 후 우여곡절을 거쳐 철도의 장래상을 시나리오·플래닝(scenario·planning)이라는 수법으로 정리하였다. 사회와 철도 본연의 자세의 상정으로부터 복수의 시나리오를 간추리고 시나리오마다 철도로의 영향을 상정하여 철도에 요구되는 역할, 나아가서는 필요한 기술개발 항목을 상정하였다.

본 서에서는 향후의 사회동향과 철도로의 영향, 상정된 미래 시나리오의 설명과 기술개발 과제의 예를 기술하였다. 또 조사 과정에서 얻어진 여러 가지 관점에 대해서도 향후의 철도 기술개발에 참고가 될 것으로 생각하여 칼럼 형태로 정리하였다.

이 중에서는 다양한 기술분야의 연구자가 분야의 장벽을 초월하여 장래예측을 하고 있다. 독자 여러분께서도 향후의 철도가 어떻게 될 것인지 함께 상상해주면 좋겠다.

또한 본 서는 위에서 기술한 바와 같이 지금까지도 향후 철도 기술개발이 어떠한 방향으로 향할 것인가를 찾는 데 도움을 주기 위해 시행한 조사결과이며 기술개발 항목 등은 조사 그룹으로서의 견해를 나타낸 것에 불과하다는 것을 양해해주리라 생각한다.

2009년 2월

재단법인 철도총합기술연구소

'2030년의 철도' 조사 그룹 리더

오쿠무라 후미나오(奥村 文直)

목 차

C·A·H·P·T·E·R **01**

철도의 미래상의 **조사**

C·H·A·P·T·E·R 01

철도의 미래상의 조사

21세기를 전망할 경우, 일본은 새로운 과제에 직면하고 있다. 저출산·고령화와 지구온난화이다. 출생률 저하에 의한 저출산화에 제동을 거는 것은 어렵고 이에 가세하여 급속한 고령화 진행은 불가피하다. 이러한 저출산·고령화라는 2가지 현상은 일본을 아직 경험하지 못한 인구 감소 사회로도 이끌어 가게 된다. 또 지구 규모의 환경문제인 온난화의 표면화에 의해 지금보다 더 온난화 방지 대책에 적극적으로 대처해나가지 않으면 안 되는 상황에 있다.

인구 감소나 지구온난화라는 대세에, 사회에 미칠 여러 가지 영향요인이 복잡하게 얽혀 있는 상황에서, 공공성과 환경친화적이라는 강점을 겸비하고 있는 철도 본연의 자세가 어떻게 될 것인가에 대해서 검토하는 것은 중요하다. 이 조사 그룹의 미션은 시류의 변화를 토대로 가까운 미래, 지금으로부터 20여 년 앞의 철도 미래상에 관한 조사를 하는 것이다.

이 조사 활동은 가까운 미래의 철도 이미지 만들기 및 그 실현을 향해 필요한 기술개발 항목을 추출하는 것을 목적으로 출발하였다. 그러나 개개의 기술을 진보시켰다고 해도 사회의 변화에 어떻게 대응할 것인지는 명확하지 않다. 또 진보의 방향을 확인하는 것은 곤란하였다.

그래서 기업 전략을 구축하기 위해 이용되고 있는 시나리오·플래닝이라는 수법을 적용하여 일본의 철도 전체를 조감하는 입장으로부터 철도의 미래상을 검토하기로 하였다. 사회와 철도의 본연의 자세 상정으로부터, 현재 일본에 있어서의 철도가 존속하기 어려운 상황이 출현할 가능성까지도 고려하면서 몇 가지 요인에 의해 분기시킨 복수의 시나리오로 정리하였다. 그리고 시나리오마다 철도로의 영향을 추정한 결과를 바탕으로 전략의 방향성이나 요구되는 역할과 기술개발 항목에 대해서 검토를 시도하였다.

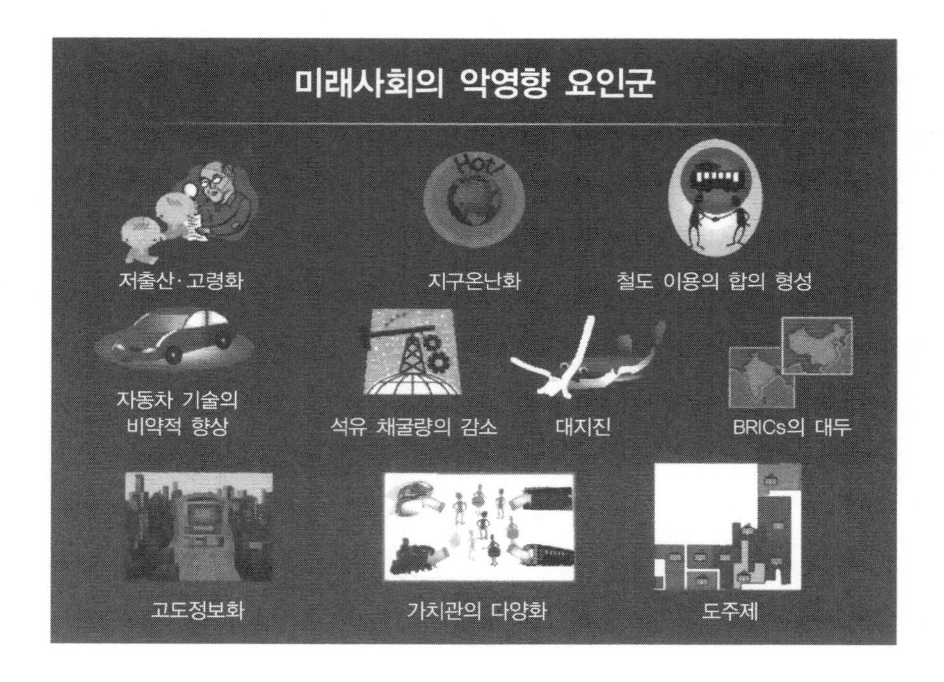

C·A·H·P·T·E·R **02**

시나리오·
플래닝이란

C·H·A·P·T·E·R

02

시나리오·플래닝이란

가까운 미래에 있어서의 철도 본연의 자세를 테마로 한 '2030년의 철도'에서는 철도 전체를 조감하는 입장으로부터 검토를 하고 있다. 이 테마의 목적을 알기 쉽고 명료하게 표현하면 '가까운 미래의 일본에서 환경 친화적이고도 사회와 경제의 지속적 발전을 위해서는 대단히 중요한 역할을 완수할 것임에 틀림없는 잠재적 능력을 가진 철도가, 사람과 사물의 자유로운 교류를 어떻게 담당할 수 있을 것인가의 가능성을 찾는 것'이라 할 수 있다.

이러한 시점에서 철도의 미래상을 시나리오·플래닝이라는 수법에 의해 검토하는 것으로 하였다. 사회와 철도의 행복한 미래상의 상정으로부터 성숙된 철도의 모습이 존속하기 어려운 상황이 출현할 가능성까지도 고려하여 몇 가지 3요인에 의해 분기시킨 복수의 시나리오로 정리하였다. 단순한 기술 예측과는 다른 특징은, 철도의 사회적 역할에 중대한 영향을 줄 것으로 생각되는 조건을 추출하여 몇 가지 시나리오로 분할한 점이다.

시나리오·플래닝 수법은 제2차 세계대전 중 미국 육군의 작전 연습으로부터 발생하였다고 전해진다. 그 후 군사전략뿐만 아니라 기업의 경영전략책정방법으로서 확대되고 있다. 시나리오라는 단어 자체는 예로부터 일반적으로 사용되고 있었지만 경영전략으로서 고전적인 시나리오·플래닝은 '예상되는 미래 사상을 하나의 스토리로서 시나리오화하고 그 위에 그 대응을 준비하여 두고 사업을 관리하는 것'이었다. 오늘의 시나리오·플래닝은 복수의 예측 시나리오와 각각의 확률을 평가하여 최종적으로 가장 일어날 것 같은 미래 예상도를 그려서 관리하는 기법으로서 발달하여 왔다.

그러나 이번에 시나리오·플래닝을 채택함에 있어서는 복수의 미래 예측 시나리오를 동등하게 그렸다. '왜 그렇게 되는 될까'라는 분석을 중시하면서 사상마다 스토리를 그렸다.

왜냐하면 그것은 첫째 가까운 미래라고 해도 예측 기간이 20여 년이라는 오랜 기간의 사회 정세를 정확히 예측하는 것은 상당히 곤란하므로 철도에 큰 영향을 주는 사상 발생으로 제한하여도 그 발생 확률을 구하는 것은 불가능하다.

둘째 역으로 약 4반세기 정도에서는 성숙된 철도의 기술 분야에서 현저히 큰 변화가 일어나리라고 생각하기는 어렵다.

따라서 조사 진행 방법으로서는 처음부터 검토 사상을 철도 분야에 한정시키지 않고 또 반드시 발생 확률에 얽매이지 않고 미래의 사회, 경제, 기술, 정치 등에 관해서 폭넓은 토의를 하여 철도 분야·철도기술로의 영향도 검토를 하였다.

참고문헌

1) 西村行功 訳: シナリオ・プランニング, ダイヤモンド社, 1998(Kees van der Heijden : SCENARIOS, John Wiley & Sons Limited, 1996).

C·A·H·P·T·E·R **03**

사회동향조사와 **철도로의 영향**

C·H·A·P·T·E·R

03

사회동향조사와 철도로의 영향

1. 인구의 동향

사회의 장래를 고려함에 있어서 인구동향은 매우 중요하다. 저출산 및 고령화의 진전 등 연령 구성의 변화와 함께 총인구 감소, 생산 연령 인구(15세부터 64세) 감소 등 사회로의 영향은 크고 특히 철도 등의 수송관계에 대해서는 장래를 예측하는 데 있어서 중요한 인자이다.

일본의 장래 추계 인구는 몇 개 기관에서 실시되고 있으나 국립사회보장·인구문제연구소가 산정한 데이터(2006. 12.)에 의거하면 출생을 중간 정도(中位)로 한 경우에는 2030년에 1억 1,522만 명이 된다. 2005년 시점의 1억 2,777만 명을 기준으로 하면 약 10%의 인구 감소이다. 예측시점으로부터 50년 후인 2055년에는 8,993만 명으로 약 30%의 인구가 감소된다. 2055년에는 1억 명을 크게 밑돌게 되어 도시 내의 인구 분포 등 사회 정세가 크게 변화할 것으로 생각한다. 또 이번 논의 대상으로 하고 있는 2030년에는 대략 7~12% 인구가 감소할 것으로 상정하고 있으며 이것을 염두에 둔 철도의 미래를 검토할 필요가 있다.

철도를 비롯한 사회 기반 등에 가장 큰 영향을 줄 것으로 생각되는 생산 연령 인구에 대해서는 1955년부터 1995년 정도까지는 대폭 증가하여 왔다(그림 1). 그러나 1995년경을 피크로 감소하여 현재에 이르기까지 대폭 감소하고 있다.

장래 예측으로도 감소 경향은 계속하여 2030년에는 약 20%의 감소(2005년 대비), 2055년에는 약 45%의 감소(2005년 대비)로 되고 있다.

이에 대해 노년 인구(65세 이상)는 1955년부터 일관되게 증가하는 경향에 있다. 장래에 대해서도 증가 경향이 이어져 2030년에는 약 42%로 되고 2042년에 피크를 맞아 감소하여 2055년에는 대략 2030년과 같은 정도가 된다. 이 결과를 근거로 연소자·생산 연령·노년 인구 비율을 나타낸 것이 그림 2이다. 생산 연령 인구의 대폭적인 감소, 노년 인구의 증가에 따라 2005년에는 연소자 13.8%, 생산 연령 66.1%, 노년 20.2%였던 것이 2030년에는 9.7%, 58.5%, 31.8%로 되고 2055년에 이르러서는 8.4%, 51.5%, 40.5%로 생산 연령 인구와 노년 인구가 거의 동등한 수준까지 가까워져 인구의 40%가 노년이 될 것으로 추정되고 있다.

그림 3에는 2000년과 2030년의 인구 피라미드를 나타낸다. 2000년을 보면 제1차, 2차 베이비붐의 영향으로 요철이 많고 30세 전후와 60세 전후의 2개의 피크가 있는 것을 알 수 있다. 이것이 2030년이 되면 각각의 베이비붐 세대가 고령화하여 2000년의 요철이 약간은 차이가 작아지고 있으나 그대로 시프트하고 있는 것을 알 수 있다. 특히 제1차 베이비붐 세대가 80세 전후로 되어 고령화의 요인으로 되고 있다.

또한 인구 감소는 도시나 지방의 형태에도 영향을 줄 것으로 생각된다. 향후의 도시나 지방의 성장/쇠퇴는 산업구조, 연령 구성, 행정의 방향성 등에 좌우될 것으로 생각되므로 한마디로 말할 수 없으나 인구 감소가 도시부로의 인구 집중이나 지방에 있어서의 과소화(過疎化)의 조장을 초래할 가능성이 상정된다.

그러나 실질국민소득의 추이를 보면 인구 감소에 따라 총액은 감소하는 경향이 있으나 1인당 실질국민소득은 완만한 감소에 그치고 있다(그림 4). 또한 노동 인구도 감소하고 있는 것을 고려하면 노동 생산성은 향상하여 2030년에 있어서 노동자 1인당 실질 소득은 약 9% 증가할 것이라는 예측도 있다. 이 때문에 노동자의 이동(출장 등)에 관한 단위 시간당 비용은 상승하게 되어 이동 시간 단축으로의 요구도 높아질 것으로 생각된다.

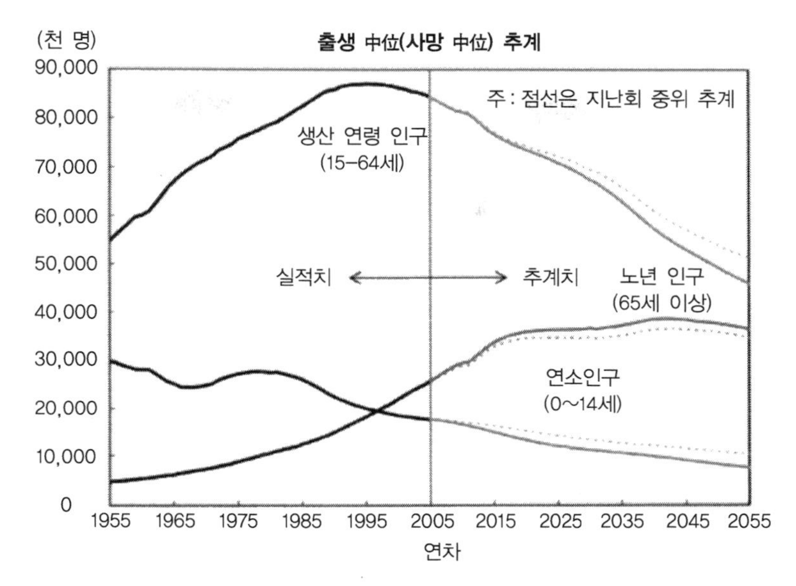

그림 1 연령 3구분별 인구의 추이 – 출생 중위(사망 중위) 추계 –
(국립사회보장·인구문제연구소 데이터)

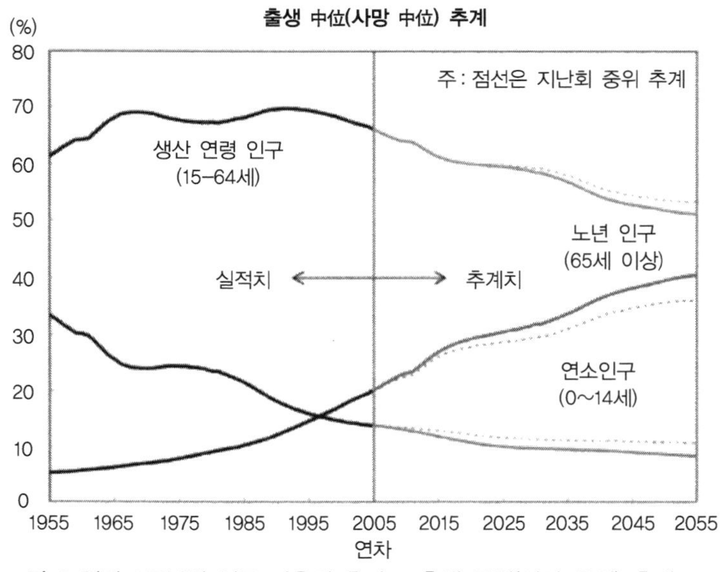

그림 2 연령 3구분별 인구 비율의 추이 – 출생 중위(사망 중위) 추계 –
(국립사회보장·인구문제연구소 데이터)

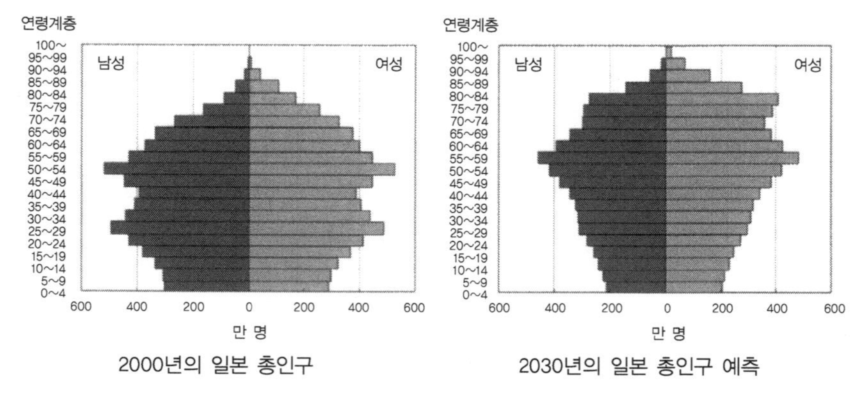

그림 3 인구 피라미드(국립사회보장·인구문제연구소 데이터)

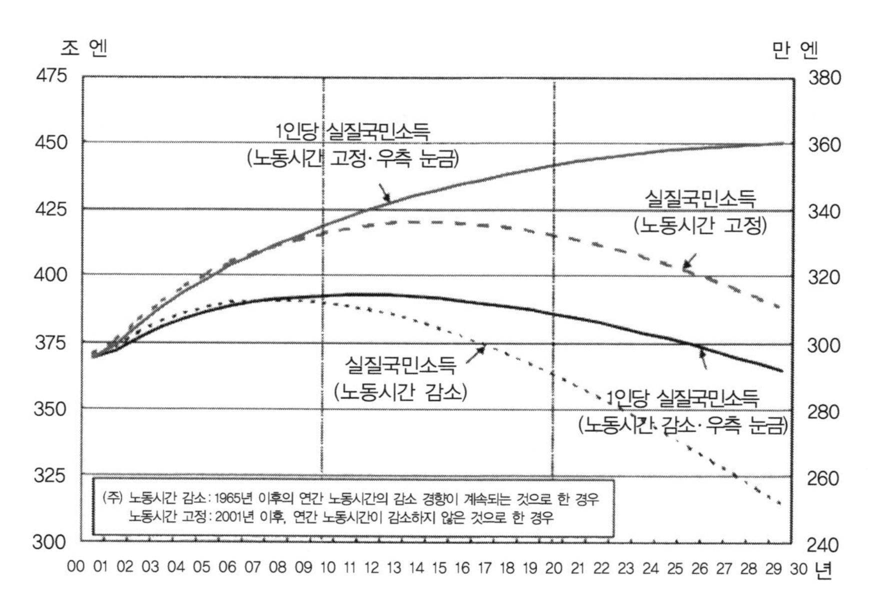

그림 4 실질국민소득 및 1인당 실질국민소득의 추계(미래생활 간담회로부터)

또 노동력 부족의 해소책으로서 고령자 고용이나 여성노동자 수의 증가를 도모하는 시책이 취해질 것으로 생각된다. 더욱이 많은 논의가 진행 중에 있어 예상은 어렵지만 외국인 노동자의 증가도 충분히 고려된다.

이와 같이 인구 감소 사회에서는 통근·통학 등의 교통 수요 감소, 고령자 대책, 노동력 확보 등 철도에 대한 영향이나 요구는 커질 것으로 생각된다. 또 도시나 지방의 형태가 변화함으로써 교통 시스템 본연의 자세를 수정할 필요가 생길 수도 있다.

참고문헌

1) 国立社会保障·人口問題研究所 : 日本の將來推計人口(平成18年12月推計), 2006.
2) 松谷明彦 : 2030年の日本經済と地方經済 `未來生活懇談會, 2002. 10. 2.

⁚ 아시아 여러 나라의 인구동향

저출산 고령화의 진행은 일본을 포함한 동아시아 여러 나라와 동남아시아 여러 나라에서 공통으로 직면하고 있으며, 철도 경영과도 매우 깊은 관계를 가지는 문제이다. 그 대응책을 마련하기 위해서는 인구동향에 관한 오해를 포함한 고정관념을 타파할 필요성이 있다.

일본의 경우, 도쿄(東京)로 모든 기능이 집중되는 문제와 관련하여 지방 도시권은 고령화에 따라 경제가 정체하는 반면 수도권은 당분간 활력을 유지할 수 있다는 모종의 낙관적인 전망이 일반화하고 있다. 그러나 실제로는 2030년부터 수도권의 20~29세 인구는 감소세로 전환하기 때문에 노동력 확보면에서 큰 불안요인이 있다. 한편 후쿠오카(福岡) 도시권의 20~59세 인구는 증가경향에 있어 인구동향으로 한정하면 반드시 도쿄(東京) 일극 집중이라고는 단언할 수 없다.

아시아 전역으로 눈을 돌리면 '21세기는 아시아의 시대'라고 할 정도로 아시아의 경제성장을 기대하는 목소리는 높다. 아시아 여러 나라의 저비용 노동력을 목적으로 유럽과 미국이나 일본 기업에 의한 아시아 진출도 활발해지고 있다. 한편 향후의 아시아, 특히 동·동남아시아 여러 나라에 있어서의 노동력 확보에는 불안이 항상 따라다닌다.

지금까지 한결같이 경제성장에 수반한 소득 수준의 상승에 의해 동·동남아시아 여러 나라의 저비용 노동력은 언젠가 공급부족으로 전환할 것으로 생각되기 십상이었다. 그러나 실제로는 소득 수준의 상승은 물론이지만, 그것과 더불어 동·동남아시아 여러 나라에서 현저한 속도로 진행하는 저출산 고령화에 의해 2030년에는 적지 않은 동·동남아시아 여러 나라가 심각한 노동력 부족에 휩쓸릴 것으로 생각된다. 이미 아시아 NIEs(한국·대만·홍콩·싱가포르)의 출생률은 일본의 출생률을 더욱 밑돌 정도로 낮지만 그에 못지않게 중국이나 ASEAN 여러 나라에서도 저출산 고령화 경향에 제동이 걸리지 않고 있다.

세계 최대의 인구 대국인 중국에서의 저출산 고령화 문제는 심각한 것이다. 2005년 말에는 65세 이상의 고령자가 1억 명을 넘어 전 인구에서 차지하는 비율도 8%에 달하였다. '한자녀 정책'으로 유명한 중국이지만 도시부에서는 자식을 출산하지 않는 부부 '克丁族(Double Income No Kid)'이 증가하고 있어 북경이나 상해 등의 대도시에서는 합계 특수 출생률은 이미 1.0을 하회하고 있다고 중국 사회과학원의 정진진(鄭真真) 박사는 추정하고 있다. 향후도 65세 이상의 고령인구 및 고령화율도 늘어나는 한편, 2030년에는 각각 약 3.5억 명·약 24%에 달할 것으로 추정하고 있다. 그리고 2025년 전후에는 총인구는 결국 감소로 돌아설 전망이다.

중국에서의 저출산 고령화의 영향은 이미 표면화하고 있다. 중국에서는 오랜 세월 농촌에서의 출가[1] 농민이 도시부에서의 저비용 노동력의 중심으로 되어 왔다. 그러나 농촌부에서도 저출산 고령화가 진행하고 있어 도시부에 노동력을 공급할 수 없어졌기 때문에 현재는 중국 도시부에 입지한 기업은 임금 인상을 하고 있음에도 불구하고 노동력 부족에 고민하고 있는 케이스가 적지 않다.

ASEAN 여러 나라의 저출산 고령화의 진행 정도는 선행조인 싱가포르, 태국과 후발조인 베트남이나 말레이시아 등으로 대별할 수 있다. 그러나 후발조에 위치하고 아직 일인당 국민소득도 높지 않은 베트남조차 '2자녀 정책'이라고도 불리는 인구 억제책이 영향을 미쳐 65세 이상의 노년 인구가 7%에서 14%로 되기까지의 두 배 년수, 즉 '고령화 사회'로부터 '고령사회'로 되기까지의 기간이 15년으로 일본(25년)과 비교해도 상당히 짧아질 전망이다.

저출산 고령화 문제의 대응으로서 자주 주장되는 것이 일과 육아 등 가정들을 양립할 수 있고 유연하게 일하는 방법이 가능한 제도를 마련하는 것이다. 그러나 일본조차 가족친화적(Family Friendly) 기업이 일반화하지 않은 상황에서 다른 동·동남아시아 여러 나라에서 이와 같은 제도가 머지않아 정비되리라 생각하기는 어렵다. 또 만일 제도가 정비되었다고 하여도 대세에는 별로 영향을 주지 않을 것으로 생각된다. 따라서 동·동남아시아 여러 나라에서 저출산 고령화 문제의 심각화는 피할 수 없어 만성적으로 노동력이 부족하고 또 사회보장비가 재정을 압박하게 되어 아시아의 경제성장이 지속적일 수 있을까를 의문시하는 목소리도 적지 않다.

동·동남아시아 여러 나라에 있어서의 저출산 고령화의 진행은 당연히 그 나라들의 철도에도 영향을 미친다. 현재 동·동남아시아 여러 나라에서는 많은 철도건설 프로젝트가 진행 중이다. 그것은 철도망,

1) 출가(出稼) : 어떤 기간, 집을 떠나 타관·타국에 가서 돈벌이를 함 또는 그 사람. 역자 주

특히 도시 내의 철도계 교통이 정비되어 있지 않은 폐해를 동·동남아시아 여러 나라의 행정 당국이 인식하기 시작했기 때문이다. 도시 내의 이동 수단을 자가용에 의존하고 있기 때문에 교통 정체나 대기오염이 유발되는 것은 물론 교통사고도 다발하고 있다. 예를 들면 베트남에서는 궤도계 교통이 정비되어 있지 않고, 또 국민의 소득 수준 관계도 있어 오토바이 등의 사적 교통으로의 의존도가 매우 높다. 베트남 경제의 중심인 호치민에서는 버스·택시 등의 공공 교통의 쉐어는 6%에 불과하며 나머지 94%를 오토바이 등의 사적 교통이 차지하고 있고 2001년에는 베트남 전역에서 연간 교통사고 건수가 25,000건(그중 6할이 오토바이 관련), 동 사망자수는 1만 명에 달하였다. 이러한 상황은 베트남에 국한되지 않고 철도망이 정비되지 않은 동·동남아시아 여러 나라에서 공통적이다. 확실히 저출산 고령화는 철도를 이용한 통근·통학수요 저하를 초래한다. 그러나 동·동남아시아 여러 나라의 경우, 향후 증가가 전망되는 고령자가 오토바이를 포함한 자가용을 운전하는 리스크 등을 감안하면 철도망을 정비하는 것은 의의가 크다고 할 수 있다. 동시에 동·동남아시아 여러 나라에는 현 단계에서 국민이 철도를 비롯한 공공 교통 자체에 익숙하지 않은 나라도 적지 않으므로 '교통 교육'을 도입하는 등 고령화 사회를 향한 공공 교통의 의의를 국민에게 인식시킬 필요가 있을 것이다.

참고문헌

1) 王文亮 : 現代中国の社会と福祉, ミネルヴァ書房, 2008.
2) 日本経済新聞社 : 人口が変える世界, 日本経済新聞社, 2006.
3) 社鵬, 翟振武, 陈卫 : 中国人口老齢化百年発展趨勢, 人口研究第29巻第6期, 国家教育部·中国人民大学, 2005.
4) 小峰隆夫·日本経済研究センター : 超長期予測 老いるアジア, 日本経済新聞出版社, 2007.
5) 今井昭夫·岩井美佐紀 : 現代ベトナムを知るための60章, 明石書店, 2004.
6) 週刊東洋経済第6138(2008/4/19)号, 東洋経済新報社, 2008.

2. 지구온난화

지구환경문제가 표면화하고 있는 지금 국제연합의 IPCC(기후변동에 관한 정부 간 패널, Intergovernmental Panel on Climate Change) 보고서에 의하면 지구의 평균기온은 상승하는 경향에 있으며 20세기 말에 비해 21세기 말의 평균기온 상승은 1.1~6.4°C로 예측되고 있다. 인위기원(人爲起源)의 온실효과 가스의 증가가 온난화 원인이라는 것이 분명해지고 있다. 또 온난화의 영향이라고 생각되는 해수면 상승이나 이상 기상의 발생도 확인되고 있다. 따라서 온실효과 가스의 증가에 의한 지구온난화는 확실히 진행하고 있어 인류에 대해서 온난화 방지로의 대처는 필수라고 생각한다.

교토(京都)의정서에는 2012년까지의 삭감 목표가 정해져 있는데 2050년 시점에서 온도 상승을 2°C 이하로 억제하기 위해서는 CO_2 발생량을 1990년에 비해 전 세계에서 50%, 일본에서는 70% 삭감이 필요할 것이라는 시산(試算)도 있어 장기에 걸쳐 CO_2를 비롯한 온실효과 가스의 삭감이 요구되는 것은 거의 확실하다고 생각된다.

CO_2 배출량을 부문별로 보면 운수부문의 배출량은 총 배출량의 약 2할을 차지하고 있고 최근 몇 년간 감소 경향이지만 기준년 대비(1990년 대비) 약 17%의 증가이다. 운수기관별로는 자동차의 배출량이 압도적으로 많고 철도는 운수부문 총배출량의 3% 정도이다.

환경성의 '탈온난화 2050 프로젝트'에 의하면 운수여객부문에서는 적절한 국토이용, 에너지 효율개선으로서 80%의 에너지 수요 삭감, 운수 화물부문에서는 수송 시스템의 효율화, 운수기기의 에너지 효율 개선으로서 50%의 에너지 수요 삭감이 가능한 것으로 전망되었다.

다른 교통기관에 비해 환경부하가 작은 철도가 담당할 역할로의 기대는 지금

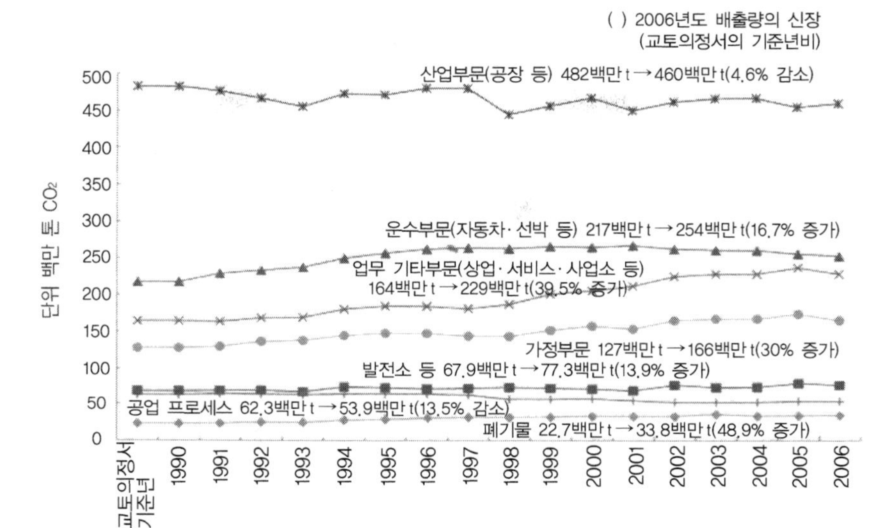

그림 1 CO_2의 부문별 배출량 추이(국립환경연구소 데이터)

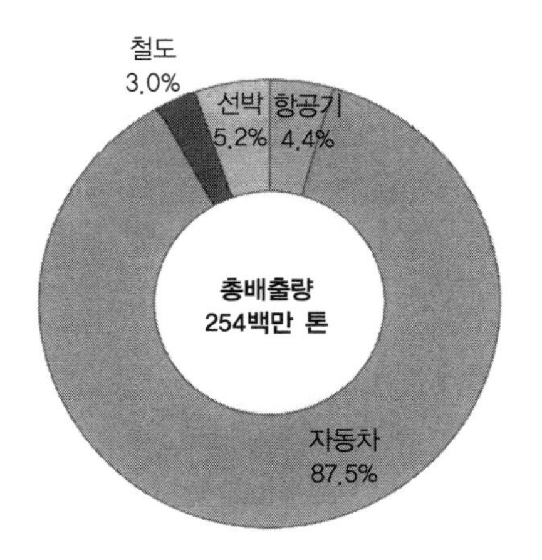

그림 2 CO_2의 운수기관별 배출량(2006년도) (국립환경연구소 데이터)

까지 이상으로 커질 것으로 예상된다. 향후 환경 조화형 교통 시스템을 구축해 나감에 있어서 다른 교통기관과의 제휴 등을 포함하여 철도 시스템 본연의 자세가 수정될 가능성도 고려할 수 있다.

참고문헌

1) 経済産業省 : 氣候変動に関する政府間パネル(IPCC)第4次報告書第1作業部会報告書(自然科学的根拠)の公表について, 2007. 2. 2.
2) (独)国立環境研究所 : 日本の温室効果ガス排出量データ(1990~2006).
3) (独)環境再生保全機構 : HP, 地球温暖化 http://www.erca.go.jp/ondanka/index.html
4) 環境省 : STOP THE 温暖化 2005.
5) 地球温暖化対策推進大綱 2002. 3. 19.

3. 철도 이용에 관한 합의 형성

철도는 중요한 공공 교통기관으로서 매일 많은 사람들의 이동을 담당하고 있다. 특히 대도시 내부, 주요 도시 간에서의 기능은 경제적으로 매우 중요하다.

일본에서는 신칸센이 모리오카(盛岡)·센다이(仙台)·도쿄(東京)·오사카(大阪)·하카타(博多)의 대동맥을 연결하고 다시 니가타(新潟)·나가노(長野)·큐슈(九州) 등도 포함하여 2천 킬로미터를 넘는 거리를 시속 200킬로미터 이상의 고속철도망이 커버하고 있다. 신칸센망의 확충은 계속되고 있으며 인구가 조밀한 일본의 국토에서 고속철도가 중요한 역할을 담당하고 있다. 대도시 내부에서도 통근·통학을 중심으로 하는 대량 수송을 늘 하고 있다. 이것들을 합쳐서 여객 수송에서의 철도 분담률은 27.7%로 되어 있어 영국(약 6%), 독일(약 8%) 등과 비교하여 철도가 담당하고 있는 역할이 큰 것을 알 수 있다. 일본에서는 60년대부터 시작된 자동차 사회화(Motorization)의 고조에 앞서 도시 내 철도망의 정비가 진행되었기 때문에 아시아 여러 나라와 같은 버스나 바이크에 의한 통근·통학이라는 대정체에 관련된 수송량을 철도가 분담하고 있다. 또 도시 간에서도 신칸센 정비에 의해 500킬로미터 정도까지의 도시 간이라면 대량으로 수송할 수 있는 철도가 항공에 대해 우위를 차지하고 있다.

EU 여러 나라에 있어서는 고속철도 정비가 열심히 시행되고 있어 비교적 근거리 국제 여객을 항공으로부터 철도로 이전하고자 하는 명확한 정책적인 합의 형성이 도모되고 있다. 또한 아시아 여러 나라에서는 도시 내 만성적인 교통정체 해소를 위해 공공 교통 도입이 도모되고 있으며 홍콩의 지하철, 방콕의 MRT 등의 정비가 시행되고 잇따라 확충이 계획되고 있다.

그런데 1980년 제정한 일본국유철도경영재건촉진특별법(통칭·국철재건법)에 의해 지방교통선(수송밀도 8,000명/일 미만) 중에서도 특히 수송량이 적은 특정 지방교통선(수송밀도 4,000명/일 미만의 국철노선)은 1990년까지 1310.7킬로미터의 선구가 제3섹터화·민영 철도화되고 1846.5킬로가 버스 전환에 의해 폐지되었다. 이에 즈음해서는 대도시권의 이익을 특정지방교통선 등 지방

노선의 운영비로 할당한다는 극단적인 내부 보조에 의한 철도 유지는 어렵다는 것이 정책적으로는 합의되어 있었다. 또 1987년의 국철 분할 민영화 당초부터 많은 지방교통선을 포함하여 경영이 곤란하다고 여겨진 JR홋카이도(北海道), JR시코쿠(四国), JR큐슈(九州)의 3사에 대해서는 1조 엔이 넘는 경영 안정 기금이 마련되어 안정적으로 철도 수송이 시행되도록 정책을 취하고 있다.

인구 감소가 진행하는 가운데 채산이 곤란한 지방교통선의 사회적 역할에 대해서도 그 중요성이 재확인되고 있는 중이다. 후술할 국토교통성의 정책은 이와 같은 지방철도를 곤경으로부터 구하기 위해 지역 주민의 합의 형성이 중요하다는 것을 나타내고 있다. 철도를 존속시키고자 하는 주민의 의사가 형성될 것인지 여부이다.

그러나 인구가 감소하면서 고령화가 진행할 것이라는 2030년의 경제사회에 있어서 자가용에 의한 교통 혼잡, 교통사고, 대기오염, 이산화탄소 배출이라는 단점을 극복해나가야 하며 정부나 지방자치체가 철도 정비나 지원에 나설 가능성은 현시점에서는 별로 크지 않다.

정비 신칸센을 불필요한 공공투자로 받아들이는 매스미디어의 인식은 지구 환경상 철도를 어떻게 취급하지 않으면 안 되는가를 이해하지 못한 경우가 많다. EU와 같이 고속철도 도입으로의 정책적인 합의나 매스컴을 포함한 국민적인 합의 형성이 일본에서는 시행되고 있다고는 말하기 어려운 상황이다.

이러한 상황에서는 조만간 민간 사업자에 의한 지방철도 서비스의 계속 여부는 사업자의 경영노력만으로 극복할 수 없는 수준이 되어 수많은 지방철도의 폐지를 피할 수 없게 된다.

그렇지만 만약 국가나 지역 경제를 활성화하기 위해 정치, 행정 시스템의 일신과 동시에 중요한 개소에 효율적인 여러 지원이 이루어지면 인구가 줄어도 사회 전체가 재활성화되는 것은 가능할 것이다.

그때 환경대책이나 국민의 이동 자유를 보장한다고 하는 정책 목표 설정과 지방 분권화·지역화 등 새로운 행정 시스템이 도입되면 과거의 민활(民活)노선의 경험을 살리면서 철도에 재정 지원에 그치지 않는 여러 가지 지원의 가능성도 있을 것으로 생각된다. 철도에 그치지 않고 공공 교통을 중시하는 사회 실현이 가능하게 될 것이다.

이상 여러 점에서 철도 이용에 관한 국민적인 합의 형성 가능 여부가 일본에서의 철도 장래를 결정하는 큰 실마리가 될 것으로 생각된다.

참고문헌

1) 数字でみる鉄道 2007.

∷ 지방철도에 관한 정책

• 규제완화와 지방철도의 쇠퇴

91사 158노선(2008년 4월 1일 시점)에 이르는 일본의 지방철도에서는 자동차 사회화(Motorization)의 급진전, 연선 인구 감소, 저출산 고령화 진전 등의 영향을 받아 이용자의 장기 저감 경향이 지속되어 많은 노선에서 경영 환경의 어려움이 증대되고 있다. 이와 같은 심각한 상황 속에서 2000년에 철도사업법이 개정되었다. 이 개정에서는 규제완화의 일환으로서 수급 조정규칙이 폐지되고 철도사업으로의 참여와 퇴출에 대해서 규제가 완화되었다. 종래 철도사업을 폐지하기 위해서는 국가로부터의 허가나 연선 자치체의 동의가 필요하였으나 이 개정법에서 '신고'에 의해 1년 후에 폐지할 수 있게 된 것이다. 이것이 계기가 되어 경영 환경이 어려운 지방철도노선의 폐지가 잇따라 2001년부터 2007년 사이에 전국에서 실제로 22노선, 503.1km의 지방철도가 폐지되었다.

철도를 잃은 지방에서는 통상적으로 버스 노선이 대체 교통수단의 역할을 담당하지만 일반적으로 철도 시대에 비해 운임이 상승하거나 소요 시간이 증가하는 등 서비스 레벨이 저하하는 경우가 많다. 서비스 레벨 저하에 의해 연선 주민이 자가용에 의한 전송과 마중으로 전환하거나 외출을 삼가게 되는 등 대체 버스 이용이 정착되지 않아 대체 버스조차 폐지에 몰리는 경우도 보인다.

이와 같은 지방철도 쇠퇴의 영향을 가장 많이 받은 것은 다른 대체 교통수단을 가지지 못하는 중고교생과 자동차를 운전하지 못하는 노인들이다. 어느 지방철도 폐지의 영향에 관한 조사에 의하면 철도 폐지 후 대체 버스 이용빈도가 철도 시대에 비해 감소하거나 외출 기회 자체가 줄었다는 의견이 많이 알려져 있다. 실제로 2005년 3월에 폐지된 히타치(日立) 전철의 연선에 소재하는 고교생에 의해 폐지 전에 결성된 '히타치(日立) 전철선의 유지존속을 요구하는 고교생도회 연락회'가 폐지 후도 '히타치(日立) 시-히타치오오타(常陸太田) 시 간의 철도 부활을 요구하는 고교생도회 연락회'로 존속하여 고교생 스스로 철도 존속을 호소하는 활동을 하고 있는 케이스도 있다.

지방철도의 쇠퇴는 그 지방에 있어서의 이동성(Mobility)을 저하시키고 나아가서는 지역의 활력을 배제할 가능성이 높다고 생각된다. 게다가 향후 점점 더 고령화가 진행하여 자동차를 이용할 수 없는 사람들이 증가될 것으로 생각되며, 지역의 발로서의 공공 교통수단을 어떻게 존속시켜나갈 것인지는 이미 재고할 수 없는 단계의 문제가 되고 있다.

• **지방철도정책의 장래**

국토교통성의 교통정책심의회 육상교통분과회 철도부회가 2008년 6월에 낸 제언 '환경 신시대를 개척하는 철도의 미래상'에서도 지방철도 쇠퇴가 야기하는 악영향에 대한 위기감이 기술되어 '힘겨운 경영 상황에 빠진 철도 수송의 유지를 향한 긴급적 대처'로서 지방철도정책에 대한 제언이 정리되어 있다.

이 제언에는 향후 지방철도정책의 기본적인 사고방식이 이하와 같이 기술되어 있다. '철도사업 유지 여부의 평가·검토를 진행하는 데 있어서 중요한 것은 철도사업이 초래하는 경제적·사회적 편익을 충분히 평가한 다음 '사업의 재구축'을 지원함으로써 수송을 계속해나가는 것이 가능한지 등에 대해서 검토한 후 유지해나가는 것이 적절하면 그것을 위해 필요한 지원을 강구한다는 관점이다.' 결국 지역에서의 공공 교통 본연의 자세의 컨센서스를 형성하고 그중에 철도가 필요하다는 결론에 이른 경우에는 철도 사업자만이 아니라 지역의 여러 관계자가 하나가 되어 철도사업의 재구축을 한다는 사고방식이다. 철도사업의 재구축 방법으로는 철도시설을 지방 공공단체가 보유하고 운행사업자에게 무상으로 사용시키는 '공유민영' 방식의 실시가 '지역공공 교통의 활성화 및 재생에 관한 법률의 일부를 개정하는 법률(2008년 5월 성립)'에 의해서 가능하게 되는 등 지속 가능한 철도사업의 골조를 설정하기 위한 법정비도 추진되고 있다.

와카야마(和歌山) 전철의 '이치고(딸기)전차'

• 지역 하나로 된 '노력'에 의한 지방철도 재생

'공유민영' 방식에 의해 지방철도를 존속시키는 경우, 지방공공 단체 등 공적 기관의 부담이 발생하기 때문에 지역의 합의 형성이 매우 중요한 의미를 가진다. 물론 합의를 형성하기 위해서는 철도 사업자에게 있어서는 경영 합리화나 여객으로의 서비스를 향상시키는 노력 등이 필요할 것이며 연선지역에서는 예를 들면 지역의 상점가 · 관광 이벤트 등과의 제휴에 의한 이용 촉진책이나 연선 기업에 의한 종업원의 철도 통근으로의 전환 촉진 등 거국적 지역의 대처를 고려해나갈 필요가 있다.

합의 형성으로의 노력은 지방 공공단체의 공공 교통을 지지하는 의사와 정책을 낳고 철도 사업자의 서비스 향상을 낳으며 연선 지역주민의 '마이 레일' 의식을 낳는다. 도시계획 마스터플랜에 있어서 공공교통기관 중시 자세를 강하게 내세우고 현지 합의 형성에 노력하여 지방교통선을 훌륭하게 재생시킨 토야마(富山) 라이트 레일(light rail), 현지 주민의 열성적인 존속활동과 지방 자치체의 지원, 그리고 전국 처음으로 공모에 따른 철도 사업자에 의해 훌륭하게 현지 밀착형 철도로 부활시킨 와카야마(和歌山) 전철(p.33 사진) 등, 지방철도의 재생사례는 지방 공공단체, 철도 사업자, 연선 지역이 삼위일체가 된 노력의 중요성을 이야기해주고 있다. 향후의 지방철도정책에서는 정말로 지역 하나가 되어 '노력하는'것이야 말로 지방철도 재생에 대해 매우 중요한 것임이 강하게 의식되어 있다고 말할 수 있을 것이다.

∷ 토야마(富山) 라이트 레일

• 토야마(富山) 라이트 레일의 성공

토야마(富山) 라이트 레일은 일본에서 최초의 본격적인 LRT(저상형 노면전차) 영업노선이며 지방철도의 재생 예, LRT를 기폭제로 한 도시 만들기의 성공사례로서 주목을 모으고 있다.

동 노선은 원래 JR니시니혼(西日本)의 지방 교통선인 토야마(富山) 항선으로서 운행되고 있었으나 해마다 이용자가 감소하고 있었다. 그러한 상황에서 JR니시니혼(西日本)으로부터 노면 전차화의 구상이 나와서 2004년 4월 제3섹터 회사[토야마(富山) 라이트레일 주식회사]의 설립에 의해서 경영 위양이 실시되어 토야마(富山) 항선의 시설은 토야마(富山) 시 측에 실질적으로 무상 이관되었다. 노면 궤도로 새롭게 정비된 구간은 토야마(富山)역북(北)~오쿠다(奧田)중학교 앞의 약 1.1km에 머물고 있어 거의 기존 노선 개량으로 완수할 수 있다는 시설 정비 면에서 상당히 유리한 조건이 있었다.

사업 실시에 즈음해서는 호쿠리쿠(北陸) 신칸센 건설에 따른 연속입체 교차사업의 보상비나 국토교통성으로부터의 보조, 토야마(富山) 시의 가로 사업 등의 공적 자금이 투입되었다. 주로 도로 특정 재원인 연속입체 교차사업으로 반 정도 이상의 사업비를 조달할 수 있었던 것 등 건설 재원적인 조건이 풍족하여 건설·유지사업을 자치체가, 운행을 운행회사가 시행하는 소위 '상하분리방식'이 채용되었다. 안정적인 운영을 지원하는 체제를 채택한 것이 사업성공의 열쇠였다고 생각한다.

또 이해 관계자, 시민의 합의를 형성하는 노력이 지불된 것도 빠뜨릴 수 없다. 경합하는 버스 노선을 운행하는 토야마(富山)지방철도(주)의 토야마(富山) 라이트 레일(주)로의 자본 참가에 의해 이해 조정이 가능하였던 것이나 시민 참가형 협의회 개최, 수지 계획 등의 정보 공개, 지역 주민으로의 설명회 실시 등, 사업 진척 단계에 따라 수많은 활동이 시행되었다. 토야마(富山) 시 측은 도시계획에 있어서의 공공 교통의 자리매김을 명확히 제시하고 공공 교통을 지역에서 지지해나가는 각오를 시민에게 요구하였다. 그 결과 이른바 '시민의 발'로서의 '마이 레일' 의식이 양성되어 토야마(富山) 라이트 레일의 이용 촉진에 연결되었다.

게다가 운행 서비스상의 다양한 연구가 시행되었다. 예를 들면 운행빈도 증가(피크 시 : 30분 간격 → 10분 간격, 오프 피크 시 : 1시간 간격 → 15분 간격), 운행시간 확대(종전 : 21시대 → 23시대) 등의 기본적인 서비스 레벨 향상에 추가하여 승계버스(Feeder Bus)와의 결절 강화(사진)나 IC카드 Passca의 도입과 IC카드 이용 시 요금할인 설정 등이 실시되고 있다.

그 결과 이용자는 JR 시대의 3~4배 정도까지 증가하고 있으며 이용자에 대한 앙케트 조사에 의하면,

평일에 11.5%, 휴일에 12.6%의 여객이 자동차 교통으로부터 전환한 것으로 판명되었다. 또 연선에서의 인구 감소에 제동이 걸린 지구가 나타나고 이와세(岩瀬) 지구로의 관광객 증가가 보이는 등 착실하게 개업효과가 파급되고 있는 것이 관측되고 있다.

피더 버스(Feeder Bus)와의 결절을 강화한 토야마(富山) 라이트 레일

• **토야마(富山) 시의 교통정책**

2008년 3월에 책정된 토야마(富山) 시 도시 마스터플랜에서는 시가지의 외연화(外延化)를 배경으로 한 공공 교통 쇠퇴에 의해 자동차를 자유롭게 사용할 수 없는 시민에게 생활하기 힘든 거리가 되고 있다는 문제의식으로부터 향후 도시 만들기의 이념으로서 '철궤도를 비롯한 공공 교통을 활성화시켜 그 연선에 거주, 상업, 업무, 문화 등의 도시의 제기능을 집적시킴으로써 공공 교통을 축으로 한 거점 집중형의 콤팩트한 도시 만들기 실현을 목표로 한다'는 것이 명확히 제시되어 있다.

토야마(富山) 시는 토야마(富山) 라이트 레일 외에 JR재래선인 호쿠리쿠(北陸) 본선, 타카야마(高山) 본선, 토야마(富山)지방철도(주)가 운영하는 철도노선, 시내 궤도전차가 있다. 현재 도시 마스터플랜으로서 자리매김이 명확히 제시된 '축으로 되어야 할 공공 교통망'을 실현하기 위한 다음의 한 수단으로서 JR타카야마(高山) 본선 활성화 사회실험실시협의회가 설치되어 시험적 증편, 신역사 설치, Park & Ride 시설 정비 등의 사회실험이 실시되고 있다. 이와 같은 사회실험은 정책 효과를 검증할 뿐만 아니라 공공 교통을 중시하는 토야마(富山) 시의 자세를 시민에게 침투시키는 것이나 공공 교통을 이용해 보려고 하는 분위기를 시민에게 양성하는 것에도 역할을 하고 있다고 생각한다.

게다가 현재 JR토야마(富山)역 북측으로 발착하는 토야마(富山) 라이트 레일과 남측의 시내 궤도전차의 접속, 시내 궤도전차선의 환상선화, 토야마(富山) 지방철도로의 노선 연장 등 기존 철도노선의 유효활용책이 구상되고 있어 비교적 적은 투자로서 토야마(富山) 시가 목표로 하는 '도시의 축으로 되는 공공 교통망'을 실현할 수 있을 것으로 기대된다.

이와 같이 토야마(富山) 시에서는 도시 만들기의 이념을 시민이 공유하고 그중에서 공공 교통 충실이라는 목표나 구상을 명확히 제시하여 주민합의를 형성한 후에 교통기간 정비만이 아니라 사회실험 등에 의해 시민으로의 공공 교통 이용의 침투를 도모하는 정책이 착실히 실시되어 성과를 거두고 있다. 토야마(富山) 시의 사례는 완전한 자동차 사회가 되고 있는 지방에서의 공공 교통 활성화를 실현하기 위해서는 정확한 구상의 비탕에서 시책을 확실히 실시하는 것이 매우 중요하다는 것을 새삼 깨닫게 하고 있다.

4. 자동차 기술

현대 사회에 있어서 자동차 교통의 중요성을 무시할 수는 없다. 자동차는 자가용이라는 형태로서 개인적 사용자(Personal User)의 수요를 만족할 수 있을 뿐만 아니라 승합 버스 등의 공공 교통기관으로서, 또 물류 분야에서는 트럭 수송이 그 대명사가 될 정도의 지위를 확보하고 있다. 그 특징의 하나로서 자동차 교통은 인프라로 도로를 사용하지만(일본의 경우에는 자동차 제세나 통행료의 형태로서 자동차 운행자가 어느 정도 부담을 하고 있다고는 해도) 이용하는 주행로 정비를 직접 스스로가 다루는 것은 아니라 기본적으로는 인프라는 공공의 것으로서 정비·제공되고 있다는 점을 들어 철도 등과는 크게 다르다. 그 때문에 도로만 있으면 어디라도 유연한 운행·수송이 가능하고 철도, 항공, 선박이라고 하는 다른 교통기관과 달리 door to door의 수송이 가능하다. 즉, 역·공항·항만 등의 거점 설비로 향하지 않아도 혹은 화물을 가지고 오지 않아도 금방 현관·출입구로부터 이용할 수 있는 이점이 있다. 따라서 자동차 교통과 경합하는 철도, 항공, 선박 등에 있어서도 그러한 것을 이용할 수 있는 거점 설비까지의 수송에는 부득이 자동차 교통에 의존할 수밖에 없는 경우도 많다. 또 장거리 트럭 수송이나 장거리 버스 등 상당한 장거리 레인지의 수송에 있어서도 자동차에 의한 직행 수송이 중요한 역할을 담당하고 있다. 실제로 고속도로에서는 밤낮을 불문하고 몇 대의 대형 트럭이 죽 늘어서서 묶여 있는 것처럼 달리고 있는 광경을 볼 수 있다. 그렇지만 안전 확보와 도로의 원활한 교통은 모두 주행 차량의 개개인의 운전자에게 맡겨져 있다.

이와 같이 자동차 교통의 이동성(mobility)은 자동차의 큰 이점이 되고 있는 반면 그 높은 이동성(mobility) 때문에 통제가 곤란한 교통사고나 정체, 소음 등이 중요한 과제이며 그 대책이 시급해지고 있다. 자동차 업계는 정부와 함께 '고속도로 교통 시스템'ITS(Intelligent Transport System)에 의해 자동차 교통의 안전성이나 편리성의 더한층 향상을 향한 대처를 하고 있다.

자동차 사고방지를 위해 진행되고 있는 기술개발로서 선진 정보 전자기술을 적용한 운전 지원 기술을 들 수 있다. 이것은 자동차의 운전자에 대해 그 상태를 감시함으로써 휴먼 에러나 졸음 등을 검지, 주의를 환기하거나 사고 회피를 위해 전방의 차량 상황이나 장해물·도로 상황 등 각종 정보를 운전자에게 제공하거나 혹은 자동적으로 사고를 회피하는 것도 염두에 두고 있는 기술개발이며 종래의 도로교통 시스템으로부터 비약적으로 진보된 안전성, 원활성 등을 실현하는 것을 목적으로 산학연이 함께 추진하고 있다. 현재 이미 카내비게이션 시스템에 의한 정보 제공이나 고속도로에서의 요금 수수를 자동적으로 하는 ETC 시스템이 널리 보급되기에 이르고 있으나 이것과 더불어 자동차류나 자동차와 노상에서의 정보통신과 고도 정보처리기술을 활용하여 정체 완화를 위한 교통 통제나 사고방지를 위한 '선진 안전 자동차'ASV(Advanced Safety Vehicle)에 관한 프로젝트, 지상의 노면 상황 파악 센서로부터 얻어진 정보를 차상에 통신함으로써 운전자에게 전방의 위험정보 제공이나 상황에 따라서 자동차가 자동적으로 핸들이나 브레이크를 동작하는 '주행 지원 도로 시스템' AHS(Advanced Cruise-Assist Highway System), 또 자동차류의 통신에 의해 전방을 달리는 차량과 협조하여 안전하게 주행할 수 있는 차와 차 사이의 협조 시스템 등의 연구개발 등에 대한 연구가 진행되고 있다. 현실적으로 기술적 장애물(huddle)은 아직 많지만 이러한 능동적 안전대책이 발전하면 머지않아 자동차 교통의 안전성이 비약적으로 향상될 가능성이 있다. 간선 도로상에서 자동차의 완전 자동운전도 있을 수 있다. 토요타 자동차가 개발하여 2005년의 아이치(愛知)만국박람회에서 실용 주행을 한 IMTS(Intelligent Multimode Transit System)는 도로에 간단한 자기 마크를 설치함으로써 도로 위를 자동차가 완전히 유도·자동 운전할 수 있는 시스템이며, 철도 수송이 가진 안전성, 안정성에 관한 이점을 자동차 교통이 부분적으로 실현한 것이다. 또한 나고야(名古屋)에서 실용화되어 있는 가이드웨이 버스에는 가이드 시스템을 설치한 전용고가 도로를 사용한 버스 수송이 시행되고 있다. 이와 같이 가이드웨이 버스나 IMTS와 같은 자동차 기술의 진보에 의해 자동차 교통과 철도 수송의 울타리를 뛰어 넘은 철도의 안전·안정성과 자동차의 이동성(mobility)을 양립할 수 있는 새로운 수송 모드가 자동차 교통의 파생품으로서 정착할 가능성이 생기고 있다.

한편 자동차의 현재 주요한 동력은 가솔린 엔진, 디젤 엔진이라는 내연기관이며 한계가 있는 화석연료에의 의존이라는 것뿐만 아니라 지구온난화의 요인으로 되는 CO_2 배출량은 자동차가 운수부문 전체의 9할 정도를 차지하고 있다는 과제가 있다. 지구온난화로의 흐름을 막기 위해 저탄소 사회를 목표로 한 CO_2 배출량 삭감은 지금이야 말로 전 세계적으로 최대의 사명의 하나라고 할 수 있다.

이와 같은 정세 속에서 자동차 업계를 중심으로 민관이 함께 에너지 효율 향상 및 환경부하 경감, 화석연료에의 의존 경감을 위한 클린에너지(Clean Energy) 자동차의 개발 및 보급에 의한 지구온난화 대책도 열정적으로 추진되고 있다.

CO_2 삭감을 목표로 바이오 연료나 GTL(Gas To Liquid) 혼합연료 사용을 향한 개발, 에너지 효율 면에서 유리한 디젤 엔진 배출가스 대책 등의 개발이 시행되고 있으나 이 개발에 추가하여 현재 널리 보급되고 있는 것은 하이브리드 시스템이다. 이것은 엔진 동력과 전기 모터 등의 타 방식의 동력들을 조합시킨 방식으로써 엔진은 효율이 좋은 중·고속 출력 시를 중심으로 사용하고 그때 출력 여유를 전기에너지로 바꾸며, 제동 시에는 운동에너지를 전기에너지로 바꾸어 축전지에 축전함과 동시에 출력 부족 시나 엔진 효율이 나쁜 저출력 시에는 전기를 힘으로 바꾸어 구동에 사용하는 것이다. 구조나 제어가 복잡하고 비용도 높아지지만 착실한 기술개발에 의해 현재 많은 시판차가 등장하고 있으며 판매 대수도 급속히 늘고 있다. 하이브리드 시스템은 승용차뿐만 아니라 버스나 트럭으로의 적용사례도 증가하고 있다.

또 연료전지 시스템의 자동차로의 적용에 관한 기술개발도 추진되고 있다. 이것은 발전소로부터의 전력으로서 제조되는 수소와 대기 중의 산소를 이용하여 연료전지에서 발생하는 전력을 동력에 이용하는 기술로서 에너지 효율이 높고, 게다가 비화력인 발전소에서 생성되는 전력의 비율이 높아지면 CO_2 배출량 삭감 면에서도 유리하며, 비용 면이나 수소의 공급·저장에 관한 기술적 과제가 해결되면, 자동차를 대상으로 하여도 유효한 동력 시스템으로 될 가능성이 높다. 장래에는 주유소 대신 안전하고 자연스럽게 수소를 자동차에 공급할 수 있는 '수소 스테이션'이 가로변에 널리 전개될 가능성도 고려된다.

기타 예전부터 검토되고 있는 충전지 성능이나 동력 성능의 과제로부터 현재는 제한적인 사용에 그치고 있는 전기자동차에 대해서도 고성능 축전지나 전기소자가 개발됨으로써 예를 들면 하룻밤 차고에서 가정용 전기콘센트에 접속하여 두기만 해도 다음 날 주행가능할 수 있을 정도의 전기를 충전 사용할 수 있는 자동차가 개발되어 보급될 수도 있다.

자동차 업계의 안전성이나 환경문제에 대한 대처는 확실히 추진되고 있으며 자동차 업체의 강력한 국제경쟁력, 개발력, 또 그 시장 규모의 크기로부터 그러한 기술이 어느 정도 완성되면 급속히 사회 시스템으로서 정착할 가능성이 있을 것으로 생각된다. 게다가 자동차에서 획기적인 환경·에너지 대책기술이 확립될 경우, 예를 들면 지방 교통에 있어서 종래 시스템 상태의 철도에서 상대적으로 중량이 큰 디젤차에 몇 사람의 승객밖에 탈 수 없는 케이스에서는 반드시 자동차에 대해 철도가 환경 면에서 우위라고는 할 수 없는 경우도 있다.

이와 같이 자동차 기술이 비약적으로 향상될 경우, 지금까지 철도가 자동에 비해 보유하고 있었던 안전성이나 환경 조화성에 대한 우위성을 일부 잃게 될 가능성도 부정할 수 없다.

참고문헌

1) 自動車技術ハンドブック 環境·安全編 社団法人 自動車技術会, 2008.

5. 피크오일(Peak of Oil Production)

석유는 세계의 1차 에너지 공급의 약 40%, 수송 에너지의 90% 이상을 차지하고 현대 글로벌 경제를 지탱하고 있다. 이 중요한 석유의 일일당 생산량이 머지않아 피크가 된 이래로 감소해나간다라는 '피크오일'(Peak of Oil Production)론이 유럽과 미국의 석유기술자를 중심으로 하여 조직된 ASPO(The Association for the Study of Peak Oil and Gas)를 중심으로 논의되고 있다.

석유 생산이 피크가 되어 저렴하고 풍부하였던 석유가 많이 부족해지면 장작→석탄→석유로 우위인 에너지원으로의 전환에 의해서 발전하여 온 인류의 역사가 저위인 에너지원으로 부득이 돌아가는 사상 처음의 역전환을 겪고 사회 전반에 지극히 큰 영향을 미칠 것이 예상된다. 특히 운수부문은 자동차·항공기·선박이 석유에 의존하고 있으므로 그 영향은 심대하며 에너지원을 석유에만 의존하지 않는 철도에 대해서는 비교적 유리한 상황으로 될 것도 예상할 수 있다.

(1) 석유의 생산량

그림 1은 ASPO의 HP에 게재되어 있는 석유의 발견량과 생산량의 실적치와 발견의 예측이다. 발견량은 1960년대가 피크였으나 생산(소비)은 석유 쇼크에 의한 일시적인 침체 이후는 계속 성장하여 1981년 이후 연별 생산량은 발견량을 상회하고 있다(단위는 10억 배럴/년, 1배럴(bbl)은 약 159리터).

이러한 것으로부터 ASPO가 추정하고 있는 석유 생산의 예측이 그림 2이다. 'Regular Oil'로부터 'NGL'까지가 석유이며 천연가스까지 포함하여 예측하고 있다. 석유의 생산은 2010년 전후에 피크가 되어 천연가스를 포함해도 추세는 변하지 않는 것을 나타내고 있다.

THE GROWING GAP
Regular Conventional Oil

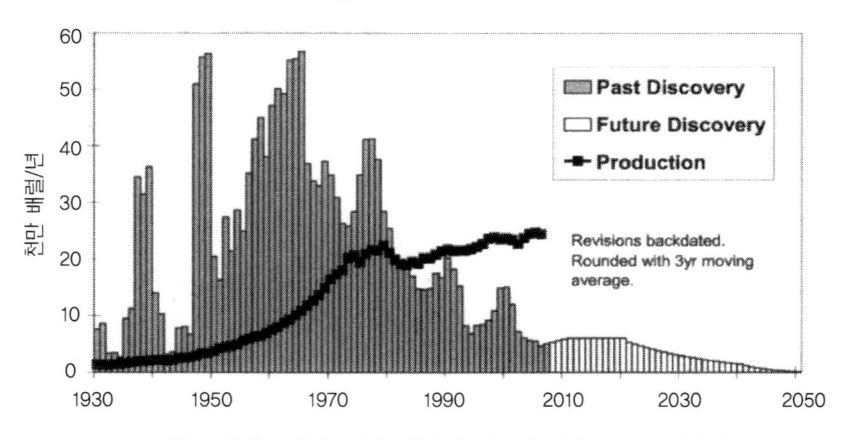

그림 1 세계의 석유 발견·생산의 실적과 예측 ASPO 데이터

OIL & GAS PRODUCTION PROFILES
2007 Base Case

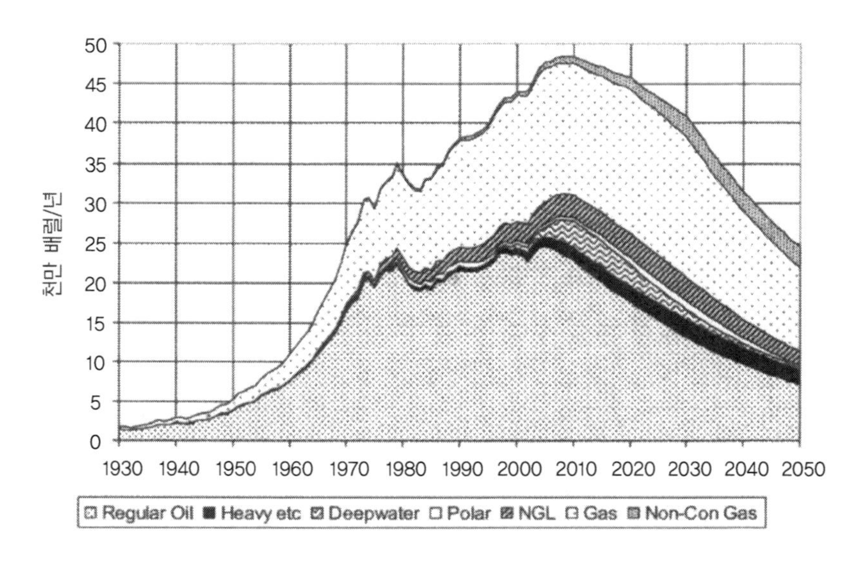

그림 2 ASPO의 피크오일 시나리오(ASPO 데이터)

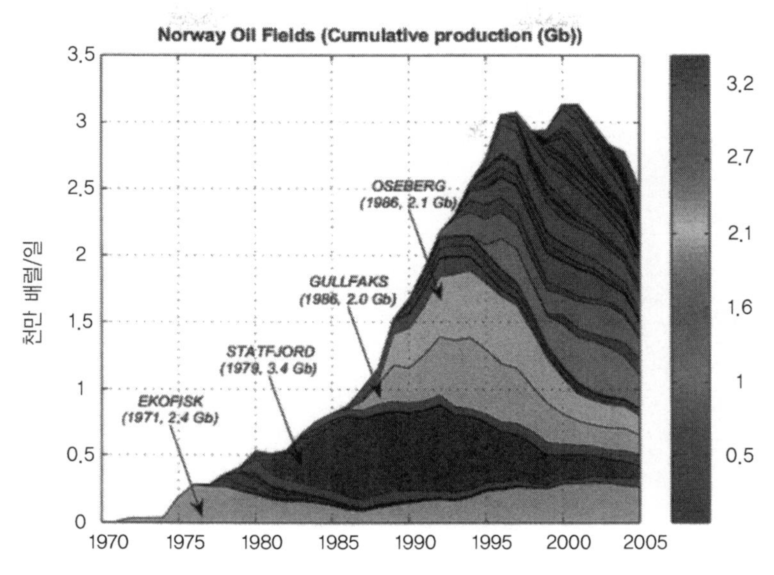

그림 3 북해유전 노르웨이 광구의 유전별 생산실적(HP : The Oil Drum)

(2) 피크오일론의 근거

석유는 유한한 지하자원이므로 언젠가는 고갈한다는 것은 자명하지만 피크오일론은 고갈을 말하는 것이 아니라 아직 많은 양의 석유가 지중에 존재하고 있는데 피크를 지나가면 생산량이 감소해나간다는 것이다.

하나의 유전으로부터의 생산량은 일반적으로 가채매장량(궁극 매장량의 20~50%로 말해진다.)의 반 정도를 지나가면 감소해나간다. 이것은 석유 채굴이 기름층에 작용하는 압력에 의한 경우가 크기 때문이다. 그림 3은 데이터가 공표되어 있는 노르웨이 북해 유전의 유전별 생산량을 본 것이다. 어느 곳의 유전도 산출량은 최초는 증가경향이고 중반의 피크를 사이에 두고 점차 감소해나가고 있다. 또 대량 산출이 쉬운 것부터 개발을 진행하므로 초기의 것일수록 전체 산출량은 많고 후기로 갈수록 소규모 유전으로 되고 있다.

이러한 석유 생산의 실정을 배경으로 쉘의 기술자였던 K. 하버드는 1970년경에 미국의 석유 생산에 피크가 올 것으로 1950년대에 예측하여 비판을 받았

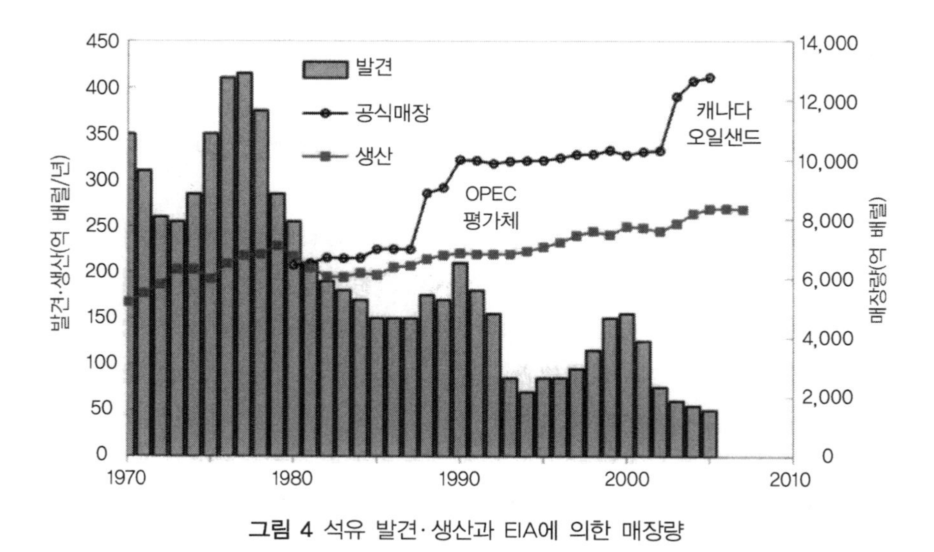

그림 4 석유 발견·생산과 EIA에 의한 매장량

으나 결국 그 예측은 현실이 되었다. 이것을 세계 규모로 전개하여 2010년경에 피크가 온다고 하는 것이 현재의 피크오일론이다.

그림 1의 석유 발견·생산 그래프에 EIA(Energy Information Administration)의 자료에 의해 1980년 이후 석유의 매장량 통계를 겹친 것을 그림 4에 보인다. 1981년 이래 연별 생산량은 발견량을 상회하고 있다. 그러나 매장량은 줄지 않고 증가할 뿐이다.

석유 쇼크 경부터 '석유는 앞으로 30~40년에 고갈한다'라고 계속 이야기되어 왔으나 가채연수(매장량을 그 해의 생산량으로 나눈 값)가 바뀌지 않는 혹은 증가하여 온 것은 이 매장량 통계를 근거로 하고 있다.

그러나 이 통계가 부정확하기 때문이 아닌가라는 것이 피크오일론의 논거이다. OPEC 등의 석유 생산량이나 매장량은 각 조직으로부터의 자기 신고에 의하고 있어 정확한 수량은 파악되고 있지 않다. 1980년대 후반 매장량이 수천억 bbl 규모로서 증가하고 있다. 이것은 중동 여러 나라의 공칭 매장량이 증대하였기 때문이지만 그래프를 봐도 그와 같은 대유전의 발견은 없다. 이 평가대체(評価替)의 결과, 쿠웨이트·이란·UAE의 매장량이 거의 동일하게 되었는데 이러한 것이 있을 수 있는 것인가, 이것은 OPEC 내에서의 생산한계 획득을 위해 과대하게 신고된 것이어서 OPEC의 매장량에는 의문이 있다는 것이 피크 오일론의 견해이다.

또 생산량이 발견량을 상회하면서 매장량은 거의 보합 증가 경향이다. 이것은 중동 여러 나라를 비롯해 대부분 나라의 공칭 매장량이 최근 수십 년 대부분 변하고 있지 않기 때문이다. 이것은 재래 석유로부터 생산할 수 있는 양이 기술개발로서 증가한다는 것을 근거로 하고 있다고 전해지고 있다. 유전은 최초 발견된 당시는 전체 규모도 파악할 수 없었으나 채굴 기술 진보로 지금까지 전 매장량의 20% 정도밖에 채굴할 수 없었던 것이 30~40% 이상까지 채굴 가능하게 된 케이스가 있는 것은 사실이지만 피크오일론은 그러한 사정은 이미 반영하였기 때문에 잔존 매장량은 그렇게 많지 않을 것으로 생각하고 있다.

또한 2030년에 매장량이 2000억 bbl 정도 증가하고 있으나 이것은 캐나다의 오일 샌드를 통계에 포함하였기 때문이다. 오일 샌드는 생산을 위해 천연가스를 대량으로 사용하는 등 갱을 뚫으면 스스로 분출하는 통상의 원유와 생산성이 전혀 다른 것으로서 캐나다 정부는 장래에도 200만 bbl/일 규모로 고려하고 있다.

또 신규 유전에 관해서는 신규 대규모 유전은 북극해나 1000~2000m 이하 깊이의 심해역 등의 악조건의 유전이 대부분이다. 지질 시대의 특수 사정으로부터 거대 유전이 존재할 수 있는 것은 중동 지역뿐이라는 견해도 있어 실제로 거대 유전의 발견은 1940~50년대에 종료하였다.

(3) 피크오일의 시기

「David Strahen : "The Last Oil Shock"」에 의하면 2005년 시점에서 세계 60개국에서 피크를 지나고 있다고 한다. 2000년 이전은 20$/bbl로서 추이하고 있었던 원유 가격이 100$/bbl을 넘도록 급등하였으나 원유 생산량은 대부분 보합으로 되어 있다(그림 5).

수요 측으로부터 보면 OECD 여러 나라는 지구온난화 대책도 있어서 석유 수요는 미미하게 증가하거나 오히려 감소 경향이지만 BRICs(Brazil, Russia, India, China) 등 개발을 진행하고 있는 여러 나라에서의 수요가 급증하고 있다. 특히 중국은 일본을 제치고 세계 2위의 석유 소비국이 되었으며 더욱 증가 경향에 있다. 지수 함수적으로 증가하는 수요는 피크오일 시기에 크게 영향을 준다. 맨 처음에 기술한 바와 같이 석유 자원이 유한하므로 언제가 피크오일이 올 것은 틀림없다. 그 시기에 대해서는 예상하는 자원량(나머지 1조~3조 bbl)과 기존 유전의 감소를 보완하는 생산기술의 가능성에 의해 '바야흐로 피크~2010년경(ASPO)'~'2030년경(EIA)'~'22세기 이후(석유연맹)' 등이라는 차가 있다.

(4) 대체 에너지

풍력·태양광 발전 등 자연 에너지는 양적으로 불충분하고 수소는 처음부터 일차 에너지는 아니며 생성·운반·저장문제 중 어느 하나도 명확하게 되어 있지 않다. 바이오 에탄올 등은 석유 감소 시대의 식품난 문제(현대의 식품 생산은 막대한 에너지 투입에 의존하고 있다)와 서로 맞지 않다. 이와 같은 '석유 대체 에너지'는 온난화대책으로서는 유효한 면도 있으나 피크오일 후의 시대를 담당하지는 못한다.

현대의 자동차·항공·선박은 석유라는 에너지 밀도가 높은 연료 조건으로서 사용을 전제로 하여 성립하고 있다. 석유 대체 에너지는 대부분 발전 용도이고 재래형 자동차·선박에 적용할 수 있는 것은 바이오 에탄올과 수소 정도이며 항공기에 이르러서는 대체할 수 있는 것은 상정조차 되어 있지 않다. 석유 감소는 이러한 수송 기기 사용에 큰 충격을 주게 된다. 그것은 또 글로벌 경제를 지탱하는 무역 체제에도 영향을 미쳐 세계의 사회 경제 시스템이 변동할 것으로도 생각된다.

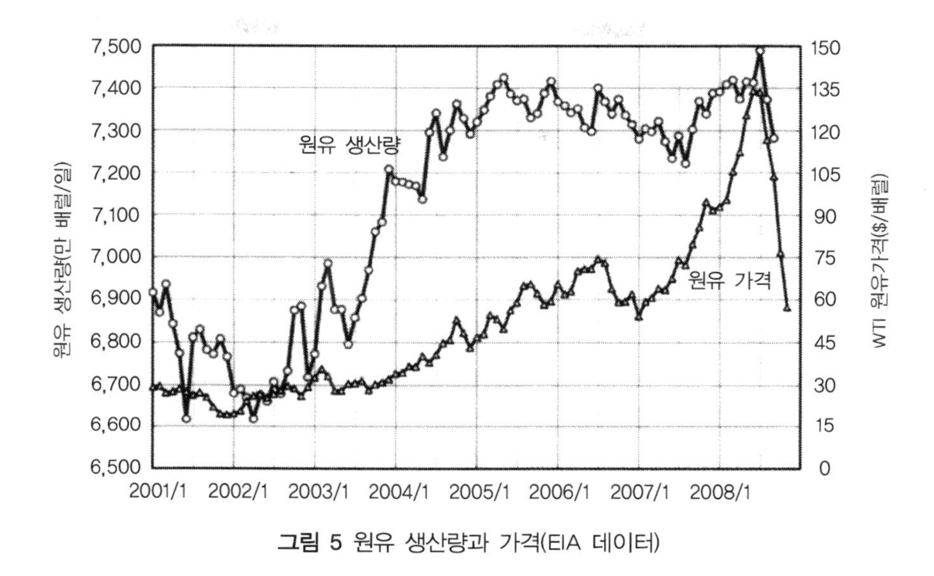

그림 5 원유 생산량과 가격(EIA 데이터)

참고문헌

1) ASPO ホームページ http://www.aspo-ireland.org/index.html

2) EIA ホームページ www.eia.doe.gov/

3) The Oil Drum ホームページ http://www.theoildrum.com/

∷ 반 피크오일론

피크오일론은 알기 쉬운 것임과 동시에 직접적으로 논증하는 것이 어렵고 방증을 거듭한 이론이기 때문에 반론도 충분히 가능하다. 또 석유 생산국이나 석유 생산업자에 대해서는 적어도 수십 년에 걸쳐 사업이 계속될 필요가 있어 끝까지 피크오일론에는 가담하지 않는다는 입장도 당연히 있을 수 있는 것이다. 여기에서는 그 일부를 소개하는 것으로 한다.

석유 생산량의 감소 혹은 증산이 용이하지 않기 때문이라고 하여 그곳에 석유가 없다는 의미는 아니다. 1980년대와 90년대의 석유 가격이 침체였던 시기에 채산성도 동시에 악화되어 석유 채굴업으로의 투자는 최소한으로밖에 시행되지 않았다. 리그라는 석유 굴삭용 기중기를 만들고 지반을 진행하는 탄성파 속도로 유전을 탐사하여 개발하는 업자도 직업을 잃어버렸다. 이 때문에 석유 가격이 급등하여 다시 한 번 투자를 하려고 해도 유전 전문의 지질 조사 회사의 자재와 인재가 없어져 버린 상태이다.

피크오일론에서 전하는 바와 같이 현재 발견된 새로운 유전은 더욱더 깊고 굴삭이 용이하지 않은 장소에서 발견되는 경우가 많다. 캐나다의 오일 샌드는 사우디아라비아의 원유와 동등한 기름을 포함하고 있으나 앞 항에서 언급한 바와 같이 이용은 간단하지 않다. 그러나 기술개발에 따라서는 이러한 원유도 충분히 이용 가능할 것으로 생각하는 것이 반 피크오일론이다. 결국 20년에 걸친 투자 지연이 현재의 신유전 발견의 곤란성과 채굴 곤란한 상황을 낳아 기술개발에 의한 새로운 자원의 이용 지연을 초래하고 있는 것으로 생각된다.

미국 대학에서의 연구 상황을 봐도 1980년대의 초까지는 공학부에서도 자원계가 각광을 받아 상당히 많은 연구개발 투자가 이루어지고 있었다. 텍사스 머니의 은혜를 받았던 학과는 새로운 연구동 건설에 세월을 보내고 있었던 것이다. 그러나 그 후의 불황으로 학생 부족이나 연구비 부족에 휩쓸린 자원계의 학과는 지반이나 지질이라는 유연관계에 있는 학과로 흡수되어 버린 것도 있으며 현재에는 그림자도 볼 수 없어지고 있다. 해저 유전 조사 등 먼 외해에서 1명 정도가 조사를 하는 등 노동 환경의 악화가 크게 선전된 것도 학생 부족을 초래한 원인이라고 생각된다. 이러한 의미에서 인재의 측면에서도 석유 자원 탐사에는 문제가 있는 것으로 생각된다.

또 피크오일론은 성공하면 성공할수록 자기주장의 성립을 지연하게 하는 효과가 있다는 모순된 논의이다. 선진 여러 나라 정부는 대체 에너지 이용에 기를 쓰고 있으며 피크오일의 도래를 앉아서 기다리고 있지는 않다. 일본에서도 정부 관계기관에서의 공용차를 하이브리드카로 치환하는 움직임이 성행하고 있는 것 외에 환경부하 저감을 위해 기업의 노력을 재촉하는 등 충분하다고는 할 수 없으나 정책적인 수단도 강구되고 있다.

피크오일론과 반 피크오일론은 끝가지 가도 만날 수 없는 논의를 영원히 계속하면서 석유 가격 상승과 하강의 반복에 의해 각국의 에너지 정책에 계속 영향을 줄 것으로 생각된다.

참고문헌

1) 英国誌 The Economist(2008/1/5), Peak nationalism.

6. 대지진

일본은 지진활동이 활발한 환태평양 지진대에 위치하고 있어 지진에 의한 재해를 받기 쉽다.

2006년도판 방재백서에 의하면 1995년 1월 17일에 발생된 효고켄(兵庫県)남부 지진에서는 사망자·행방불명자 6,436명, 부상자 43,792명이며 가옥 전괴가 약 105,000동에 이르렀다. 철도에서는 JR니시니혼(西日本)의 신칸센·재래선을 비롯하여 한큐(阪急)전철 등의 노선에서 피해가 발생하였다. 신칸센의 전선로 복구는 4월 7일까지 걸렸고 1일당 약 11만 명에 영향을 끼쳤다. JR재래선 및 사철선에서는 발생 당일 중에 복구하지 못했던 불통 구간이 약 419km에 이르고 약 580만 명에 영향을 끼쳤다.

2004년 10월 23일에 발생된 니가타켄(新潟県) 쥬에츠(中越) 지진에서는 사망자 40명, 부상자 4,661명이며 가옥 전괴가 약 12,000동에 이르렀다. 철도에서는 주행 중인 신칸센이 탈선하는 등 죠에츠(上越) 신칸센과 재래선에 있어서 피해가 발생하였다.

현재 진도 7~8의 대지진으로서 동해 지진, 동남해·남해 지진, 수도직하 지진의 발생이 상정되고 있다.

동해 지진은 스루가(駿河) trough 연안의 해구형 지진이 1854년의 안세이토카이(安政東海) 지진으로부터 150년 이상 경과하고 있고 장기적 전조의 중요한 지표인 스루가(駿河)만 서안의 침강속도 변화에 관해서 내부 기준으로 한 오마에자키(御前崎)의 침강이 최근 몇 년도 계속하고 있으므로 가까운 장래 발생할 가능성이 높은 것으로 생각되고 있다. 동해 지진에 의한 상정 피해는 사망자 약 9,000명, 건물 전괴 동수 약 26만 동(발생 : 아침 5시, 풍속 15m/s)이며 경제 피해는 최대로 약 37조 엔, 그중 동서 간 간선 교통 끊김에 의한 피해는 약 2조 엔이다.

동남해·남해 지진은 남해 trough 연안의 엔슈나다(遠州灘) 서부로부터 키이한토우오키(紀伊半島沖)를 거쳐 토사완(土佐湾)까지의 지역에서 발생하는 해구형 지진으로서 역사적으로 보아 100~150년 간격으로 진도 8 정도의 지진이 발생하고 최근에는 1944년 및 1946년에 각각 발생하고 있어 금세기 전반에도 발생할 우려가 있는 것으로 되어 있다. 동남해·남해 지진에 의한 상정 피해는 사망자 약 18,000명, 건물 전괴 동수 약 36만 동(발생 : 아침 5시, 풍속 15m/s)이며 경제 피해는 최대 약 57조 엔, 그중 동서 간 간선 교통 끊김에 의한 피해는 11조 엔이다.

슈토(首都) 지역에서는 1923년 간토우(関東)지진과 같은 해구형의 거대 지진은 200~300년 간격으로 발생할 것으로 생각되고 있다. 현재는 전회 발생으로부터 80여 년이 경과한 시점이며 진도 8 클래스의 지진이 발생할 것은 향후 100~200년 앞으로 생각되고 있다. 그러나 이것에 앞서 플레이트의 깊이 가라앉음에 의한 축적된 변형 일부가 몇몇 진도 7 클래스의 지진으로서 방출될 가능성이 높아 다음의 해구형 지진이 발생하기까지 사이에 수회의 '슈토(首都) 직하 지진'이 발생할 것으로 예상되고 있다. 슈토(首都) 직하 지진의 상정 피해는 지진 발생시각이 18시일 경우 풍속 15m/s로서 사망자 약 11,000명, 건물 전괴동수 약 85만 동에 이르고 경제피해는 최대로 약 112조 엔, 그중 교통 네트워크 기능 지장에 의한 피해는 6.2조 엔이다. 또 지진 발생시각이 12시인 경우 귀가 곤란자 수는 약 650만 명이다.

이러한 상황을 바탕으로 국토교통성은 "지진 발생 시에 있어서의 원활한 구급·구원 활동, 긴급 물자의 수송에 대해서 필수 불가결한 긴급 수송 도로를 확보함과 동시에 신칸센이나 고속도로를 지나는 교량의 낙교 등에 의한 막대한 이차 피해를 방지하기 위해 교량의 내진 보강 3개년 프로그램(2005년도~2008년도)에 의거하여 긴급 수송도로, 신칸센의 고가교 기둥, 신칸센이나 고속도로를 지나는 교량의 내진보강을 긴급히 추진할 필요가 있다."라고 하고 있다.

교통 인프라에 한하지 않고 모든 면에서 지진에 의한 피해를 최소한으로 억제하는 것과 발생 후의 조기 복구 혹은 부흥이 요망된다. 지진에 강한 철도로 함과 동시에 피재 시의 철도의 역할에 대해서도 검토할 필요가 있을 것으로 생각된다.

참고문헌

1) 平成 18年版 防災白書
2) 平成 7年度 運輸白書
3) 池田 靖忠 : JR西日本における兵庫県南部地震の被害状況とその復旧, RRR 1995年 11号.
4) 平成16年度 国土交通白書
5) 気象庁 HP http://www.jma.go.jp/

7. BRICs

BRICs란 브라질(Brazil), 러시아(Russia), 인도(India), 중국(China)의 4개국의 머리글자를 딴 신조어로서 중장기적으로 큰 경제성장이 기대되는 유력한 신흥국을 의미한다. BRICs 각국의 공통 특징으로서 광대한 국토, 방대한 노동력을 창출하는 인구, 석유나 철광석 등의 풍부한 자원을 가지고 있는 것을 들 수 있다. BRICs 4개국의 합계 면적은 세계 총면적의 3할을 차지하고 인구도 4할 이상을 차지하고 있다. 이러한 조건을 살려 특히 중국과 인도는 최근 몇 년 높은 성장률을 유지하고 있다.

처음 BRICs란 말을 사용한 미국의 골드만 삭스 증권의 투자가에게의 보고서 'Dreaming with BRICs : The Path to 2050'에서는 2050년의 국내총생산(GDP)은 중국, 미국, 인도, 일본, 브라질, 러시아의 순으로 될 것으로 기록하고 있으며 현재의 미국 일극 집중으로부터 다극화로도 세계 경제의 세력도가 크게 변화할 것으로 예상되고 있다.

중국이나 인도의 경제발전에 대해서는 일본에 대해서 위협보다 기회로 받아들이는 사고방식이 일어나기 시작하고 있는 한편 경제성장을 지속하기 위해 대량의 에너지를 소비하기 때문에 지구온난화나 에너지 자원 문제 등 세계 규모에서의 영향이 우려되고 있다.

중국 한나라에 한정하여 보아도 2008년 현재로 인구는 세계의 5분의 1, 소비하고 있는 것은 세계의 돼지고기의 절반 정도, 시멘트의 반 정도, 강재의 3분의 1, 알루미늄의 4분의 1 이상으로 되어 있다. 또, 2000년 이래 구리 생산량의 증가분 중 5분의 4를 소비하고 있다.

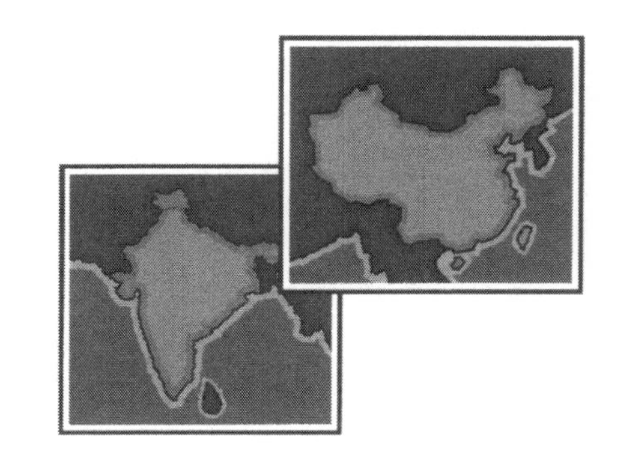

2003년에 있어서의 CO_2의 배출량의 상위 20개국의 합계는 202억 톤, BRICs 전체에서는 약 72억 톤

으로서, BRICs에서 세계의 약 28%를 차지하고 있으며 향후 더욱더 증가할 것으로 생각하고 있다. CO_2 등 온실효과 가스 삭감을 위한 수치 목표를 정한 교토(京都)의정서에서는 BRICs 중 러시아를 제외한 중국, 인도, 브라질은 온난화 억지 의무가 부과되어 있지 않다.

따라서 이러한 문제를 통하여 일본에 영향을 미칠 가능성이 있다. 철도로의 직접적인 영향은 대부분 없을 것으로 생각되지만 중국, 인도로의 고속철도 부설에 관한 기술 협력이나 기술 수출 등이 증가할 것으로 고려된다.

그러나 중국에서는 인구 문제에 더하여 도시와 지방의 격차 확대, 인도에서는 카스트 제도 등 여러 가지 문제를 안고 있는 것도 사실이며 장기에 걸친 지속적인 경제성장의 유지는 반드시 보증된 것은 아니라고 생각한다.

참고문헌

1) 角倉 貴史 : BRICs新興する大国と日本, 平凡社新書, 2006.

아시아의 LRT

종래 아시아의 철도에 관해서는 도시 간 철도의 정비가 선행되고 있다는 느낌도 있었으나 자동차 사회화(motorization)의 파도에 눌려 쇠퇴한 노면전차가 재평가되고 LRT 도입이 진행하는 등, 최근 몇 년은 도시 내의 궤도계 교통도 정비되고 있는 중이다.

중국 본토에서는 역사적 배경도 있어 동북부에서 노면전차가 비교적 많이 보였다. 이 중 하얼빈 및 안산(鞍山)의 노선은 폐지되어 버렸으나 장춘(長春) 및 대련(大連) 노선은 근대화, 즉 LRT화되어 도시 내 교통으로서의 임무를 현재도 완수하고 있다. 자동차 산업과 영화 산업으로 알려진 장춘(長春)에서는 만주국 시대인 1941년에 개업된 노면전차 노선을 2000년에 반 년간 정도 전면 운휴하여 LRT화를 도모한 것 외에 2002년에는 새로운 LRT 노선을 개업시키고 있다. 한편 중국 유수의 항만도시인 대련(大連)에서는 1909년에 남만주 철도가 개업시킨 노면 전차 노선을 1999년 이후에 '대련인(大連人)'이라는 애칭을 가진 중국 국산의 70% 저상차, IC카드, 전차 우선 신호, 잔디 궤도를 도입하는 등 LRT화를 도모하고 있다. 한편으로 1937년, 일본 차량 제조제의 구형 레트로 차량도 잇따라 사용하는 등 노선 자체의 관광 자원화의 면에도 여념이 없다.

홍콩에서는 홍콩 섬의 관광자원으로도 되고 있는 2층 노면 전차 노선과는 별도로 구룡(九龍) 반도·신계(新界)의 뉴타운에 1988년에 LRT 노선이 신설되었다. 홍콩의 특징으로는 운임수수 방식을 들 수 있다. 예전부터 2층 노면 전차에서는 하차 시에 운임을 지불하는 일본의 버스 등에서 친숙한 시스템을 채용하고 있었다. 한편 신계(新界)의 LRT에서는 신용승차방식(승객 자신이 승차권을 관리하고 사업자 사원이 개찰이나 운임 수수하는 것을 생략하는 방식)을 채용하고 있다. 유럽의 LRT에서는 일반적인 신용승차방식이지만 일본을 포함한 아시아에서는 별로 침투되지 않아 홍콩이 아시아에서 실질적으로 처음 동 방식을 채용한 도시가 되었다.

또 철차륜을 이용한 일반적인 LRT와는 다르지만 천진(天津)에서는 고무타이어 트램 모드의 하나인 트랜스 롤이 도입되었다. 천진(天津) 이외에도 미슐랭(Michelin)의 근처인 프랑스의 클레르몽=페랑(Clermont-Ferrand)이나 이탈리아의 파도바(Padova)에서도 도입되어 있으며 트랜스 롤은 고무타이어 트램 내에서 가장 광범위하게 채용되고 있는 모드라 할 수 있다. 개발 제조사인 롤 사(프랑스)의 알랑 볼데 사장은 천진에 트랜스 롤의 신공장을 건설하여 연간 50편성 판매를 목표로 하고 있어 천진(天津)은 고무타이어 트램의 메카로 될 가능성을 가지고 있다.

한국에서도 도시 내 교통을 둘러싼 새로운 움직임이 보인다. 1968년에 부산, 서울이 잇따라 도시전차가 폐지된 이래 한국에서는 오래도록 노면전차 영업선은 존재하지 않았다. 그러나 일반적인 LRT와는 달리 소위 신교통 시스템에 가까운 인상을 받는 시스템이기는 하지만 고무타이어를 이용한 한국경량궤도교통 시스템의 연구개발이 한국철도기술연구원(KRRI)에 의해 개발되었다. 무인 운행과 승객 수요에 따른 유연한 운행이 가능한 한국경량궤도교통 시스템은 보수·건설 비용도 지하철의 절반 정도라는 장점을 가지며 2010년부터 부산에서 영업운전을 개시하고 있다.

LRT는 동아시아만의 것은 아니다. 서아시아, 이슬람권에서도 터키는 국내 주요 도시에 LRT 도입을 추진하고 있다. 터키의 최대 도시인 이스탄불에서의 LRT 건설에 즈음해서는 일본의 민간 자금도 활용되고 있다.

종래 아시아 각국의 도시부에서는 궤도계 교통의 정비가 불충분하였기 때문에 이륜차도 포함한 자가용으로의 의존도가 높아 교통 정체뿐만 아니라 대기오염 등의 공해도 유발하여 왔다. LRT 정비에 의해 이러한 여러 문제가 해결될 것으로 기대된다. 다만 수송능력 관계상, LRT는 대도시의 Feeder 수송이나 중도시의 기간 교통에 적합한 한편 대도시의 기간 교통으로는 적합하지 않다. 실제 기간 교통에 노면 전차 타입의 차량을 도입한 필리핀의 마닐라는 만성적인 혼잡에 휩싸여 있다. 정부의 공공 교통

대상 보조 제도를 충실히 하면서 LRT · 지하철 · 신교통 시스템 간의 합리적인 투자 배분을 하여 지역 실정에 적합한 궤도계 교통 모드를 선택하는 것이 중요할 것이다.

또 대만 제2의 도시인 고웅(高雄)에서는 화물선이었던 고웅(高雄) 임항선을 LRT화하는 계획이 추진되어 왔다. 계획에 대한 시민의 합의를 얻기 위해 독일의 지멘스 사의 협력 아래 중앙 공원에 시험선이 부설되어 시승회도 개최되었으나 보다 많은 주체(사기업 등)를 참가시켜 민간 자금을 활용하는 BOT(Build-Operation-Transfer) 방식 채용을 둘러싸고 지역주민의 의견도 나뉘어져 LRT 도입은 난항하고 있다.

아시아 각 도시의 경우 LRT의 기술 · 운행 시스템 면에 대해서는 유럽의 기술을 채용한 케이스도 많아 유럽의 LRT 선진도시를 따라잡고 있다. 주민 합의 형성이나 경관문제로의 대처 등, 도시 정책의 책정 · 실시 면에서는 뒤떨어지고 있는 느낌이 있다. 전술한 바와 같이 다종 다양한 궤도계 교통 모드 중에서 적절한 것을 선택하여 'LRT 도입의 실패 예'를 만들지 않도록 하면서 생활편의시설(amenity)이 풍부한 '교통 도시 만들기'를 실천할 수 있는지 여부가 '아시아의 LRT' 성공의 열쇠를 쥐고 있는 것은 아닐까.

참고문헌

1) 三浦幹男, 服部重敬, 宇都宮浄人 : 世界のLRT, JTBパブリッシング, 2008.
2) 週刊東洋経済第6138(2008/4/19)号, 東洋経済新報社, 2008.
3) Yongmook KANG : 韓国鉄道技術研究院の研究開發活動, RRR第65巻第3号, (財) 鉄道総合技術研究所, 2008.
4) 村上弘 : 日本の地方自治と都市政策-ドイツ・スイスとの比較–, 法律文化社, 2003.
5) チェン・ミン・フェン : 台北の都市交通 : 経験と将来像, 運輸政策研究 Vol.11, No.2, (財)運輸政策研究機構, 2008.

∴ 아시아 철도의 복권-2030년에 호소

1970년대부터 80년대에 걸쳐 많은 일본계 기업이 유럽, 이란 대상 물자 수송에 시베리아 철도를 이용하였다. 그러나 1990년대가 되어 시베리아 철도로부터 일본계 기업을 비롯한 고객이 줄어들고 있었다. 그 요인으로는 ① 카자흐스탄 등 구 소련 내의 공화국이 독립하여 새로이 통관 수속이 필요하게 되는 등 수송체계가 복잡해졌기 때문에 자주 지연이 생기게 되었던 것과 ② 러시아의 사회 정세 악화에 의해 화물의 도난·분실이나 분규가 일상화하여 하주(荷主)인 시베리아 철도에 대한 신뢰가 상실하였던 것 등을 들 수 있다.

그러나 러시아의 정치·경제가 안정기조로 들어간 2000년경부터 국면에 변화가 생긴다. 우선 新아무르강 철교 완성(1998년)이나 전체 선로 전철화공사 완료(2002년)로 상징되는 바와 같이 러시아 정부의 지원 조치 아래 인프라 정비가 진행되어 속도 향상도 실현되었다. 또 화물 추적시스템 도입 등에 의해 화물 도난·분실 건수가 대폭적으로 감소하였다. 이러한 것이 특히 한국·중국의 하주 기업에 평가받아 가전제품 등의 수송량이 대폭으로 증가하여 다시 시베리아 철도는 활황을 보이게 되었다.

한편 일본계 기업 사이에서는 좀처럼 시베리아 철도에 대한 부정적인 이미지가 불식되지 않고 또 그것과 더불어 시베리아 철도에 의한 TSR(Trans-Siberian Railway) 루트의 경합 레일인 Deep Sea(해상수송) 루트의 쪽이 훨씬 저렴하다는 점에 대부분의 일본계 기업이 매력을 느끼고 있기 때문에 최근 몇 년에 이르기까지 일본계 기업에 의한 시베리아 철도 이용은 상당히 적어졌다. 그러나 최근 2007년의 무역액이 전년 대비 55% 증가되는 등 일·러 간의 경제 교류 활발화에 따라 시베리아 철도도 다시 일본계 기업의 주목을 받고 있는 중이다.

일본계 기업에 의한 러시아 진출의 견인차가 되고 있는 것은 자동차 산업이다. 동일한 BRICs에서도 중국은 민족계(자국의) 자동차 제조사를 보호·육성하기 위해 외국 자본계 자동차 제조사의 중국 진출을 비교적 강하게 규제하는 것에 대해 러시아는 그다지 강한 보호 정책을 채택하지 않고 있으며 또 현지에서의 사원 교육 면에서도 유리한 조건이 갖추어져 있어 일본계 자동차 제조사가 진출하기 쉬운 환경에 있다. 실제 일본의 러시아 대상 수출의 8할 가까이가 자동차를 비롯한 수송용 기기에 의해서 점유되는 결과로 되고 있다.

일본계 자동차 제조사의 러시아에서의 진출 거점이 되고 있는 것은 상트페테르부르크이다. 토요타(豊田) 통상이 러시아에 충실한 딜러망을 가지고 있기 때문에 토요타에는 러시아에서 비즈니스를 추진하는 데 있어서 유리한 조건이 갖추어져 있었는데 2007년 말, 러시아 시장에서 절대적인 브랜드 가치를 가진 '카무리'의 생산을 상트페테르부르크에서 개시하였다. 닛산(日産)이나 스즈키·이토추(伊藤忠) 상사 연합도 2009년에도 상트페테르부르크에서의 다목적 스포츠카 생산을 개시할 예정이다.

일본계 자동차 제조사가 상트페테르부르크에서 승용차 생산을 할 경우 필요한 상품을 현지에서 조달하는 것은 어렵기 때문에 일본으로부터 부품을 운반할 필요가 있다. 그 수송 루트로는 먼저 시베리아 철도에 의한 TSR 루트, 두 번째는 우선 함부르크나 로테르담 등의 유럽 주요 항에 대형 컨테이너선으로 수송한 다음 다시 Feeder선으로 상트페테르부르크 항에 도달하는 Deep Sea 루트가 상정된다. 수송에 요하는 일수 면에서는 블록 트레인(루트 도중에서의 열차 편성 교체를 하지 않는 화물 수송) 운행 유무에도 의하지만 약 15일 소요일수가 짧은 TSR 루트에 유리한 한편, 시베리아 철도는 빈번히 가격 인상되는 경우도 있어 비용 면에서는 Deep Sea 루트가 TSR 루트를 압도하고 있었기 때문에 지금까지 태반의 일본계 기업이 Deep Sea 루트를 이용하여 왔다. 그러나 최근 전술한 바와 같이 러시아 철도는 안정성이 높아지고 있는 Deep Sea 루트상 빼놓을 수 없는 상트페테르부르크항의 설비에서는 러시아의 경제성장에 따른 화물량이 급증하고 있는 상황에 대응할 수 없는 경우도 있어 일본계 기업은 시베리아 철도에 의한 화물 수송을 본격으로 검토하게 되었다.

이에 대한 뒷받침으로 컨테이너 야드와 아키타(秋田) 임항철도의 화물역이 인접한 점도 있어 '환일본해 Sea and Rail 구상'의 모델 항으로 선정된 아키타(秋田)항, 일본해 측 유일한 중핵 국제항만인 니가타(新潟), 극동선박회사(FESCO)운행에 의한 블라디보스토크까지의 정기적인 여객 항로를 가진 후시키토야마(伏木富山)항 등, TSR 루트에 있어서의 일본 측 현관문을 둘러싼 싸움도 점점 격렬해지고 있다.

한편 시베리아 철도의 인프라 정비도 더욱더 추진되고 있다. 2007년 가을, 시베리아 철도를 운영하는 러시아 철도는 69조 엔에 이르는 투자계획을 축으로 한 2030년을 향한 비전을 밝혔다. 러시아 철도는 여객 부문의 적자를 화물 부문의 흑자로서 보충하고 있는 점도 있어 비전에서도 화물 수송 체제의 한층 충실이 강조되고 있다. 구체적으로는 2030년의 철도화물 수송량을 2007년 대비 1.7배인 3조 3000억 톤·킬로를 목표로 하고 있다. 또 일본 정부도 러시아 정부와 공동으로 '유라시아 산업 브릿지 구상' 아래, 시설 갱신이나 새로운 수송 시스템의 도입을 지원하고 일본계 기업의 물류비용 저감을 후원하려는 움직임이 나오고 있다.

토요타는 2009년에도 상트페테르부르크 공장으로의 부품 수송을 Deep Sea 루트로부터 TSR 루트로 전환하는 방침을 결정하였다. 일본계 기업이 Deep Sea 루트보다도 TSR 루트를 선택하도록 될 것인가의 여부에 대한 열쇠를 쥔 것은 토요타의 동향에 달렸다는 견해도 강하였으므로 일본계 기업에 의한 TSR 루트 이용에 탄력이 붙은 형태이다. 그렇지만 일본계 기업에 대해서 TSR 루트가 보다 매력 넘치는 루트가 되기 위해서는 한층 인프라 정비나 수송 체계의 간소화를 비롯하여 시베리아 철도의 '개선'이 진행되는 것이 불가결일 것이다.

참고문헌

1) 辻久子 : シベリア・ランドブリッジー日ロビジネスの大動脈, 成山堂, 2007.

2) 日本経済新聞 2008年 7月 30日.

3) 塩地洋 : ロシア自動車市場における競争構造, 第46号産業学会全国研究会報告要旨集, 産業学会, 2008.

4) 富山栄子 : 立ち上げ準備中のトヨタのロシア・サンクトペテルブルク工場をねて, ERINA REPORT Vol. 77, (財)環日本海研究所, 2007.

5) 辻久子 : 2005~2006年のシベリア鉄道国際コンテナ輸送-"フィンランド・トランジット"の終焉と期待される日本の利用ー, ERINA REPORT Vol. 73, (財)環日本海研究所, 2007.

6) 週刊東洋経済第6138(2008/4/19)号, 東洋経済新報社, 2008.

8. 고도정보화

전기통신기술과 컴퓨터 기술을 주된 요소로 하는 정보통신기술의 진보에 의해 정보통신에 대한 개인적 내지 사회적 요구의 고도화, 다양화가 진행되고 있다. 이 '정보통신기술'이라는 단어에 대해서의 정의는 어렵지만

1) 일렉트로닉스 기술
2) 전기통신기술
3) 컴퓨터 기술
4) 네트워크 시스템 구축기술

등 다양한 기술의 복합체로서 고려하는 것이 일반적이다.

철도 분야에 있어서의 정보통신기술 중에서 최근 몇 년 특히 주목을 모으고 있는 대표예로서 IC카드형 승차권의 보급이 있다. IC카드의 기본적인 형상은 상당히 얇은 반도체 집적 회로를 캐쉬 카드 사이즈와 두꺼운 플라스틱에 매입하여 대량의 정보를 기록할 수 있도록 한 것이다. 종래형의 자기 카드와 비교하여 훨씬 대용량의 정보를 기록 가능한 것 외에 데이터 위조나 변조 등을 곤란하게 한 복잡한 통신상의 암호화 등, 보안성을 강화하는 대책에 대해서도 실용 가능한 것이다. 데이터 교환 방법으로서는 정보 독취 기기와의 접점을 요하는 접촉형 방식과 기기에 가깝게 하는 것만으로 필요한 정보의 교환이 가능한 비접촉식 방법이 있다. 두 가지 방법의 철도역 출개찰로의 도입하는 것을 비교하면 비접촉 방식이 압도적으로 유리하며 ① 이용자의 출입에 시간이 걸리고 ② 출입에 의한 포착 실수가 발생하며 ③ 독취 기기가 고가이고 유지관리에 시간이 들고 ④ 무인역에는 도입이 어려운 등의 문제가 해결된다.

각 철도사업자에게 보급한 IC카드의 공통 이용도 진행하여 한 장의 카드로서 복수의 노선이나 버스 등을 갈아타고 승차하는 것도 가능해지고 있다. 또 2006년에 JR히가시니혼(東日本)이 도입한 모바일 Suica는 휴대전화에 내장된 IC칩이 IC카드 방식의 Suica와 마찬가지로 기능을 하는 점에서도 볼 수 있는 바와 같이 이미 카드 형식에 얽매이는 시대는 없어지고 있는 중이다. 또, 예약·구입한 지정석권을 이용자가 물리적으로 수취하지 않고 승차할 수 있는 티켓리스 서비스도 시작되어 있다. 이와 같이 IC 이용기술은 이용자의 편리성을 높이는 중이며 사업자에 대해서도 다양한 장점이 있는 이용 전개로 새로운 서비스를 창조해나가게 될 것이다.

정보의 통신 인프라로서의 이동체 통신기술에 대해서도 철도사업에 대한 큰 영향을 주고 있다. 이동체 통신방식으로서는 1980년대가 제1세대 아날로그 통신, 1990년대가 제2세대, 2000년대가 제3세대, 그리고 2010년대에 제4세대인 것과 같이 약 10년 주기로 이동체 통신구조는 진화하고 있다. 최근 몇 년 정보처리 분야에서는 '유비쿼터스'라는 키워드가 널리 이용되고 있는데 이것은 '도처에 동시에 존재하는, 편재하는'이라는 'ubiquitous'라는 라틴어에 유래한다. 이동체 통신기술은 언제 어디서나 정보에 접속할 수 있는(유비쿼터스 환경) 실현에 일익을 담당하는 것이다. 일본 국내의 정책적인 동향으로서 특히 공공 교통 분야에 있어서는 유비쿼터스 기술을 활용한 장소 정보 시스템으로서 '자율이동 지원 프로젝트'가 있다. 이 프로젝트는 선진적인 유비쿼터스·네트워크 기술을 활용하여 안내판, 표식, 유도 블록 등에 고유의 장소 정보를 발신하는 전자 태그나 통신 기기를 설치함으로써 이용자가 휴대한 단말기기와의 사이에서 통신을 하여 문자, 음성, 다언어에 의한 이동 경로 등의 정보를 제공하는 것이다.

이러한 여객 대상 서비스뿐만 아니라 철도통신 시스템에 대해서도 업무 시스템, 운행관리, 각종 시설감시체제 등 철도사업의 효율화와 안전기술에 관해 통신기술이 불러오는 효과는 크다.

참고문헌

1) 郵政省 人間と高度情報社会を考える懇談会, 人間と高度情報社会, 遞信文化社, 1986.
2) 富井規雄 他, "第5章こんなところにもコンピュータ2.切符にコンピュータが"鉄道とコンピュータ, 情報フロンティアシリーズ, 共立出版, 1998.
3) 明星秀一 "特集 : これからの出改札設備 II. 出改札システム發達史", 鉄道建築ニュース, No. 685, 2006. 12.
4) 徳田英幸, "ユビキタスサービスとネットワーク社会の到来に向けて", 情報處理, Vol. 45, No. 9, p.900-906(2004).
5) "第4章 自立した個人の生き生きとした暮らしの実現 第7節 IT等新技術の活用", 平成 17年度, 国土交通白書, 2007.
6) 飯島明夫, "次世代ネットワーク(NGN)時代の鉄道システム", サイバネティクス, Vol. 12, No. 1, 2007.

디지털 유목생활

와이어리스(wireless) 통신장치와 퍼스널 컴퓨터 혹은 휴대 단말의 진보에 의해 어디에서나 업무가 가능한 상황이 되고 있다. 인터넷뿐만 아니라 계산 소프트웨어나 데이터도 전부 서버라고 불리는 호스트 컴퓨터에 두고 있어 자신의 퍼스널 컴퓨터의 작업 공간에 모든 것을 불러들여 업무를 하는 것이 가능하다. 지금으로서는 보안상의 문제가 남아 있으므로 거리의 커피가게와 같은 장소 등 어디에서나라고는 할 수 없지만 보안이 보장되어 있는 소위 방화벽(Fire wall)의 내측, 예를 들면 회사 내라면 이와 같은 업무 방법은 가능해지고 있는 중이다. 자기 책상에 앉아 있을 필요는 없어 어디에서나 집무가 가능하다. 신 클라이언트(thin client)라 불리는 퍼스널 컴퓨터 측에는 데이터와 기타의 것이 필요없는 형태가 일반적으로 되면 각 개인의 퍼스널 컴퓨터나 휴대 단말기를 가지고 다닐 필요도 없어진다.

영국의 Economist지(2008. 4. 21호)가 이와 같은 업무의 방식을 디지털 유목생활(Digital nomads)이라 명명하였다. 예전의 유목민은 가족, 가재, 가축 등의 모든 것을 가지고 이동하여야 하기 때문에 힘든 일이었으나 현대의 디지털 유목민은 완전히 홀가분하다. Economist에 소개되어 있는 Sun의 사례에서는 사원이 카드를 삽입하기만 해도 세계 속의 Sun의 지사 어디에서나 호스트에 접속할 수 있어 업무가 가능하도록 되어 있는 것이다. Sun에서는 자기 책상도 없고 필요한 것은 자기 로커에 넣어두는 시스템으로 되어 있다.

이러한 업무 방식이 일반적으로 되면 새털라이트 오피스(satellite office)나 홈오피스(home office)가 확대되어 전혀 통근이 필요하지 않게 될 것처럼 생각하지만 그렇지 않다. 이러한 디지털은 환경을 실현하고 있는 기업이나 대학에서도 지금까지의 고정적인 오피스는 아니지만 회의실이나 프리한 집무실을 제공하여 사람과 사람이 만나서 논의할 수 있는 장소를 준비하고 있다. 오히려 업무를 위해서는 사람을 만나서 토의하거나 합의를 이룰 필요가 있다. 한 사람으로는 좋은 아이디어가 나오지 않는 것이 일반적이다.

다만 업무를 하는 시간이나 회의 등에 모이는 시간의 자유도가 높아져 통근이나 통학을 위한 러시아워는 완화될 것이다. 또 일본과 같이 통근이나 통학을 위해 원거리 이동을 마다하지 않는 국민성이면 이동 중에 디지털 유목생활을 하는 것을 보장해야 할지도 모른다.

9. 가치관의 다양화

일반적으로 사회가 성숙화하여 물질적인 풍요로움이 가득함과 동시에 가치관이나 라이프스타일이 변화·다양화하고 있다고 말한다. 사람들이 요구하는 니즈(needs)는 서비스를 통하여 실현하는 가치로의 기대이며 그것에 대한 욕구의 충족이 행동의 원동력이 된다. 그 때문에 인간 욕구(needs)에 관한 모델을 이용한 소비자나 고객의 니즈 파악이 다양한 분야에서 대처되고 있다. 예를 들면 고객 니즈의 조사를 욕구 이론에 맞추어 정리한 조사 연구에서는 공공 교통의 정책 항목은 '안전·안심'이라는 기초적인 욕구에 대해서, '편리성·여유'에 관한 항목에 대해서 높은 의식이 보이며, '교류·관계'에 관한 정책은 서비스 레벨의 더한층 향상으로의 의식인 것이 지적되고 있다.

종래 동기 부여(motivation)연구에 있어서의 욕구 이론에서는 인간의 욕구에는 생리적 욕구(일차적 욕구)와 사회적 욕구(이차적 욕구)가 있으며 불만이 있으므로 그것을 충족해야 하는 욕구가 발생하는 것으로 생각되고 있었다. 또 인간의 보편적인 구조로서 욕구에는 계층성(예를 들면 수면욕이나 식욕 등 인간이 살아가는 데 있어서 기본적인 충족이 얻어지고 있지 않으면 "다른 사람과 관련되고 싶다〈친화욕구〉" "무엇을 이루어내고 싶다〈달성 동기〉" 등의 사회적 욕구는 일어나지 않는다)이 있다고 고려하고 있었다. 그러나 1960년대에 재구축된 모델에서는 계층성을 가진 각종 욕구 중에서 어느 것이 강하게 일어나고 있는 지라는 순서부여는 개인차나 문화차에 의한 것으로서 다른 계층의 욕구가 동시에 일어나거나 기초적인 욕구가 충족되어 있지 않은 것에 상위의 욕구가 일어나거나 하는 경우가 있는 것이 지적되고 있다. 이러한 개인차나 문화차는 고객 만족감이나 니즈의 조사 연령이나 성별 분석에 의해서도 지적되고 있어 철도에 있어서도 고객의 니즈를 파악하기 위한 조사 연구가 종래부터 실시되고 있다.

예를 들면 개인차를 초래하는 속성의 하나로서 성별 차가 있으나 최근 몇 년의 조사결과에서는 여성을 향한 철도 서비스 향상으로서 역환경 개선이 요망되고 있으며 홈·구내 등에서의 직원의 대응을 더욱더 강화하는 것이 서비스 강도로서 평가할 수 있다고 지적하고 있다. 다만 욕구에 대한 성별 차에 대해서는 많은 연구가 인정되고 있으나 그 양상에 대해서 통일적 견해에는 아직 도달하고 있지 않다. 그 차이도 생리적인 기능에 의한 차이라고 말하기보다 환경적인 성역할의 영향이 크다고 전해지고 있다. 최근 몇 년의 조사결과에 의하면 단거리(통근이나 매물 등 일상생활에서의 이용)라도 철도의 이용 빈도가 적어지는 40대 이상의 여성에 대해서 현저하므로 향후 여성의 사회진출이 늘어나면 문제시되지 않을 가능성은 높다.

한편 개인차를 초래하는 속성의 하나로서 연령차(세대차)도 고려된다. 최근 몇 년의 조사결과에서는 고연령자는 철도 서비스 중에서 특히 현재 상태의 만족감이 낮은 요인은 보이지 않고 또 직원 대응을 더욱더 강화하는 것이 철도 서비스의 강화로 평가되는 것이 지적되고 있다. 다만 이러한 특징도 구체적인 연령에 의한 것인지 경험하여 온 시대 환경에 의한 것인지는 불명확하다.

시대에 관계없이 신체적인 연령에 의한 영향으로는 나이가 듦에 따른 '신체기능 저하'와 '퍼스낼리티 발달'의 2측면이 거론된다. 나이가 듦에 따른 신체기능 저하에 대해서는 동시에 개인 내 변동도 많으므로 사회의 고령화가 진행하면 능력의 편차가 커지며 그 출현 행동으로부터 피드백되는 가치관도 다양화가 진행할 것으로 생각된다. 또 '퍼스낼리티 발달'이라는 관점에서는 노년기가 되면 자기의 인생감이라는 내면으로 향하게 된다('나다운 생애였던가', '그 생애는 달성감을 얻을 수 있었던 것인가' 등을 되돌아본다). 예를 들어 자기 자신의 살아온 시간을 되돌아보면서 여생을 보내고 있는 시니어상이 상상된다.

한편 경험하여 온 시대 환경의 영향이 세대차로서 현재화하고 있는 경우도 있다. 가치관을 전환시키는 환경에는 경제환경과 정보화 사회의 2가지가 채택되는 경우가 많다. 실제 철도 서비스에 대해 약

30년 전에 실시된 조사결과와 비교하면 최근 몇 년의 조사결과에서는 '이동 시의 부담·스트레스', '사고나 지연 시의 안내나 유도 대응', '정보의 편리성' 등에 대해서 새로운 가치관으로서 추출되고 있다. 경제환경이나 정보화 사회는 '자기 충족'으로의 지향성을 초래하는 것으로 전해지고 있다. 임금 수준이나 고용 형태 등, 사회 전체 사조의 구조적 변화에 의해 노동시간은 단축되었으나 정보기술 발달에 의해 노동 밀도가 높아져 한 사람이 업무에서 다루는 정보량도 생활 속에서의 정보량도 증대하여 사회 전체의 긴장도가 높아지고 있다. 그 때문에 '적극적으로 즐긴다' 전에 피곤을 풀고 스스로를 위안하고 스스로를 격려하는 '정신적인 rehabilitation'을 위한 시간을 가지는 지향성이 지적되고 있다. 예를 들면, '슬로우 라이프'나 '슬로우 투어리즘(tourism)'이라고 하는 말과 같이 보통 열차로서 천천히 이동하거나 경치의 아름다움을 즐기면서 거점 체재형으로서 시간을 보내거나 하는 여행의 방식에 흥미가 쏠리고 있다. 그러나 정보화에 관해서는 해결해야 할 기술적 과제로서는 이미 30년 전부터 상정되고 있었던 내용이며 이러한 기술개발이 역으로 새로운 가치를 창출할 가능성도 부정하지 않는다. 또 정보화 사회의 영향이 어떠한 형태로 인간에게 영향을 줄 것인가는 향후는 지금까지와는 다른 형태로 될 가능성도 있다. 정보 기기를 다루는 비중이 생활 속에서 지나치게 커지면 정상적인 사회생활을 방해하게 되어 사회 문제화할 수 있다는 점도 이미 지적되고 있기 때문이다.

이상을 정리하면 가치관의 성별 차에 의한 차이는 여성의 사회진출에 의해 볼 수 없게 되는 한편, 고령 사회가 초래하는 가치관의 다양성은 고려해야 할 과제이다. 다만 가치관을 전환시키는 환경 중 정보화에 관해서는 종래의 연장상에 향후가 있다고도 말할 수 없는 것이 실상이며 현 단계에서의 추측은 어렵다.

참고문헌

1) 宮地由芽子 : 鉄道サービスにおける顧客感, 第195回鉄道総研月例発表会, 鉄道総合技術研究所月例発表会講演要旨, No. 195, 2003.
2) 宮地由芽子·鈴木浩明 : 鉄道サービスに対する旅客調査の年齢·性別の分析,

産業・組織心理学会第21回大会発表論文集, 2005.
3) 新井文子・上村和之・江上節子・間々田孝夫：価値観の多様化と行動の変化, 運輸と経済, Vol.64, No. 6, 2004.
4) 井上弘：交通の質 その1, 財団法人運輸経済研究センター, 1977.
5) 宮地由芽子・斉藤綾乃・鈴木浩明・深澤紀子・飯野直志:鉄道サービスにおける顧客満足感の因子構造の分析, 鉄道総研報告, Vol. 17, No. 1, 2003.
6) 林真理：情報の価値観, 運輸協会誌, pp. 103, 1978.

10. 도주제(道州制)[2]

고이즈미(小泉) 내각의 자문을 받은 제28차 지방제도 조사회는 2006년 2월 '도주제(道州制)의 도입이 적당'하다는 답신을 하였다. 도주제란 현재의 도도부현(都道府県)보다 광역의 행정 구분을 설치하여 지방행정을 강화하고자 한 것이다. 사람들의 활동이나 물건의 이동은 도도부현의 경계를 전혀 의식하지 않고 시행되고 있으며 도도부현이라는 행정구역은 실정에 맞지 않다는 논의는 오래된 것이다.

그리고 오늘날 지방자치의 구분이 상대적으로 '작다'라는 문제는 고령화·인구 감소 사회가 현실로 됨으로써 심각화하여 오고 있다. 특히 과소·과밀의 지역 격차, 지방 재정의 적자 문제는 종래의 지방자치체 단위에서는 해결할 수 없다는 것이 최근 몇 년의 시정촌(市町村) 합병을 밀고 나간 배경이다.

그러나 도주제의 논의는 지역적인 문제에 불과한 시정촌 합병과는 차원이 다르며, '국가의 본연의 자세'에 깊이 관계되는 국정상의 문제이다. 현실로는 국민적 합의를 필요로 하지만, 중요한 국민의 관심은 낮고 실현성은 부족하다. 더욱이 일본에서는 전적으로 공항, 항만, 도로의 정비, 하천관리 등이 도주제 논의의 주된 대상으로 되고 있으며 철도의 정비에 관한 논의는 별로 들리지 않는다.

그럼에도 불구하고 도주제가 실현되면 일본에서도 철도에 대한 적극적인 재정지원이 실시될지도 모른다라고 생각되게 하는 움직임이 유럽의 철도개혁 뼈대에서 볼 수 있다. 이하 간단하게 최근 몇 년 대규모 개혁을 하고 있는 프랑스와 독일의 예를 보인다.

프랑스는 이전에는 상당히 중앙 집권적인 나라였으나 80년대에 지방 분권화

---

2) 도주제[(道州制, 도우슈세이, 문자대로는, 행정구획으로서 도(道)와 주(州)를 둔 지방행정제도. 일본에서는, 홋카이도(北海道) 이외의 지역에 수 개의 주를 설치하여, 그러한 도주에 현재의 군도부현보다 높은 지방 자치권을 주는 장래 구상상의 제도를 가리킨다. 주(州)의 호칭에 대해서는 都·道·府로 하는 등의 안도 있으나, 대부분의 안 중에서 홋카이도는 그대로 도(道)로 하여 존속하기 위한 '州制'는 아니고 도주제(道州制)라 불린다.] 역자 주

가 진행하여 현재는 県[departements(데파르트망), 광역자치체]보다 광역의 행정 구역인 22의 지역권[레지옹(Region)]이 설치되어 있다. 레지옹의 권한에는 '철도'가 명기되어 있으며 철도에 있어서의 레지옹화의 대강도 2002년부터 본격적으로 실시되고 있다.

이 골조에서 프랑스의 국철(SNCF)은 레지옹과의 협정에 의해 레지옹이 작성한 계획에 따라 수송 서비스를 제공하게 되었다. 이것에 의해 각 레지옹의 의향을 반영한 수송 서비스의 제공이 가능해져 서비스 내용에 따른 비용 부담을 레지옹 스스로 결정할 수 있게 되었다.

이 결과 열차 운행률, 정시 운행률이라는 '운행에 관한 질의 향상'이 나타나 SNCF의 지역권 수송량, 수송 수입이 증가하고 있다.

한편 독일은 전후 랑트라 불리는 강한 자취권을 가진 16주로 이루어진 연방제의 국가가 되어 상당히 지방 분권이 진행한 나라이다. 독일 연방철도는 동서독 통일 등의 영향도 있어 거액의 결손을 계상하고 있었으나 1994년에 '공공 근거리 여객 수송의 지역화에 관한 법률'(지역화법)이 제정되어 독일 연방 철도는 독일 철도주식회사로 되어 경영개혁에 적극 나섰다.

철도의 근거리 여객 수송에 대해서는 그밖에 공공 교통과 함께 16주가 관할하여 운임 수준이나 조성에 대해서 협정을 맺어 결정하고 운임 수수로서 조달할 수 없는 영업비용에 대해서는 연방정부가 운영에 대한 교부금을 각 주에 교

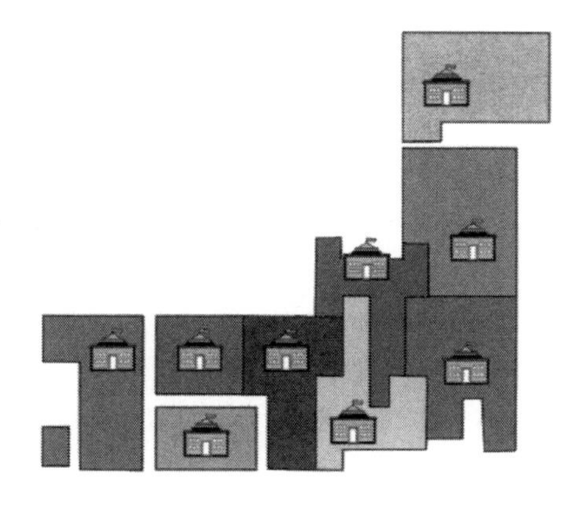

부한다고 하는 골조가 정해졌다. 이 결과 근거리 여객 수송의 신규 참여가 가능해져 여객 수송 전체가 감소하는 중에서도 시민의 니즈에 맞는 근거리 수송의 증가로서 서비스 수준이 향상하여 이용자가 증가하였다.

이와 같이 지역화는 성과를 나타내고 있으나 연방정부로부터 거출된 교부금의 액수는 지역법 제정 후도 증가 경향에 있어서 조성금 삭감은 진행하고 있지 않다. 또 수요의 증가와 조성금의 분석은 지금부터의 과제로 되고 있다.

일본에서는 지방자치체에 의한 철도사업자로의 운영비 보조 자체가 드물며 있다고 해도 그 대부분이 시정촌에 의해서 실시되고 있는 상황이다. 재정 기반이 약체인 시정촌에 대해 철도로의 보조는 어렵고 또 일본에서는 법제상, 도도부현이 보조할 수 있는 것은 특정 고정 자산 정비에 한하고 있어 국가에 의한 보조는 정비 신칸센이나 지하철 등의 건설비에 한정된 것이다. 설령 법률이 제정되어도 어떤 선구·사업자에게 자금을 투입해야 하는가의 판단은 행정구역이 비교적 좁은 '현'이나 역으로 행정구역이 넓은 '나라'에는 상당히 어려울 것으로 생각된다.

유럽의 예에 보인 바와 같이 철도의 '지역적 넓이'로부터 보면 '현보다 광역의 행정구'에 의한 정비나 보조가 적절하고도 효율적일 것이다. 특히 적자 지방철도를 주민의 이동 확보, 지역 경제의 활성화, 환경 대책 등의 관점으로부터 유지하는 경우, 교통·물류기반정비로서의 '철도의 우위성'이 지역주민에게도 행정에도 이해되기 쉬울 것으로 생각되기 때문에 도주제의 현실은 일본에서도 철도로의 파급효과가 있을 것으로 생각된다.

참고문헌

1) 萩原隆子 : フランスにおける地域圏化の動向, 運輸と経済, 第65巻, 第2号, 2005. 2.
2) 青木真美 : ドイツにおける公共交通政策の最近の動向, 運輸と経済, 第66巻, 第11号, 2006. 11.
3) 今城光英 : 地方鉄道の衰退と再生, 運輸と経済, 第65巻, 第2号, 2005. 2.

11. 일본의 철도 정비의 향후

일본의 철도정비계획

현재 신칸센 노선연장은 2,176km이지만 현재 진행되고 있는 정비 신칸센의 건설이 순조롭게 진행되면 2016년까지 590km인 신칸센망 연장이 신하코다테(新函館)·삿포로(札幌)·카나자와(金沢)·오사카(大阪), 하카타(博多)·나가사키(長崎) 등의 정비 신칸센 노선이 건설되면 580km 남짓 연장되게 된다.

게다가 쥬오(中央) 신칸센의 초전도 리니어에 의한 정비(자기 부담을 전제로 한 도카이도(東海道) 신칸센 바이패스, 즉 쥬오(中央) 신칸센의 추진에 대해서 2007.12.25 JR도카이(東海)발표)가 시행되면 고속철도망은 넓어지게 된다.

신칸센 이외의 철도정비에 대해서는 나리타(成田) 공항 액세스 철도의 건설

표 1 신칸센 철도 일람

【영업선】	
도카이도(東海道)[도쿄(東京)~신오사카(新大阪)]	515km
산요우(山陽)[신오사카(新大阪)~하카타(博多)]	554km
토호쿠(東北)[도쿄(東京)~하치노헤(八戸)]	594km
죠에츠(上越)[오오미야(大宮)~니가타(新潟)]	270km
호쿠리쿠(北陸)[타카사키(高崎)~나가노(長野)]	117km
큐슈(九州)[신야츠시로(新八代)~(카고시마쥬오(鹿児島中央)]	127km
소계	2,176km
【공사선】	
홋카이도(北海道)[신아오모리(新青森)~신하코다테(新函館)]	149km
토호쿠(東北)[하치노헤(八戸)~신아오모리(新青森)]	82km
호쿠리쿠(北陸)[나가노(長野)~카나자와(金沢)]	229km
큐슈(九州)[하카타(博多)~신야츠시로(新八代)]	130km
소계	590km
【계획선】	
홋카이도(北海道)[신하코다테(新函館)~삿포로(札幌)]	211km
호쿠리쿠(北陸)[카나자와(金沢)~오사카(大阪)]	254km
큐슈(九州)[하카타(博多)~나가사키(長崎)]	118km
소계	583km

이 추진되고 있는 것 외에 나카노시마(中之島)선 등 도시 내 철도에서의 짧은 연신공사를 중심으로 추진되고 있다. 향후 츠쿠바 익스프레스나 도쿄(東京)의 부도심선과 같은 프로젝트는 계획되어 있지 않아 소규모인 연신이나 교체 등이 시행될 것으로 생각된다.

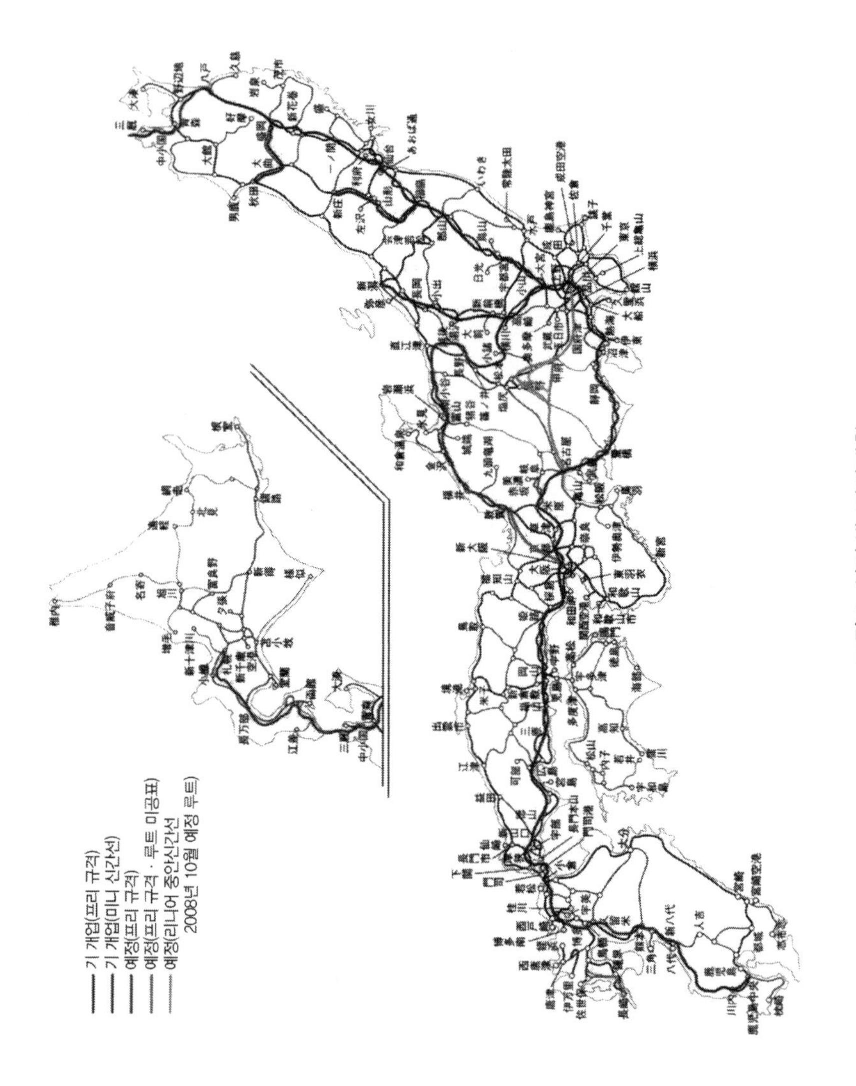

그림 1 신칸센 정비계획

∷ DMV나 IMTS 등의 바이모달 교통 시스템

최근 몇 년 재래선 특급과 고속버스는 심한 경합관계에 있으나 한편으로 동일한 공공 교통으로서 양자를 융합시키려는 움직임도 나오고 있다.

그 현저한 예가 단일 모드이면서 전용/병용 궤도 위는 철궤도차량으로 주행하고 일반 도로 위는 버스로 주행하기 때문에 철궤도의 속달성·정시성과 버스의 범용성의 쌍방의 이점을 아울러 가지는 바이모달 교통 시스템이다. 바이모달 교통 시스템의 대표적인 모드로서는 DMV(Dual Mode Vehicle)와 IMTS(Intelligent Multimode Transit System) 등 고무타이어 트램을 들 수 있다.

■ DMV

DMV는 비용 삭감과 지역 활성화를 목적으로 JR홋카이도(北海道)가 일본 제설기 제작소 등과 공동으로 개발을 추진하여 온 모드이다. 2002년에 개발을 향한 움직임이 본격화하여 2004년에 시험차(사라만다-901)가, 2005년에는 DMV의 플로토 타입차(DMV911, DMV912)가 완성되고 그 이후 시험운행 및 시험적 영업운행이 시행되어 왔다. 철궤도선으로 노선연장되는 것이 불가능한 고무타이어 트램과 비교하면 철차륜을 가진 DMV는 철궤도선의 레일과 도로의 쌍방을 주행할 수 있다는 점에서 보다 범용성이 높은 모드라 할 수 있다.

실은 DMV와 마찬가지 개념의 차량으로서 국철시대에도 amphibian bus(궤륙양용버스)가 시작되어 있다. 그러나 amphibian bus는 철도 차량모드와 버스 모드의 절체에 시간이 너무 걸렸기 때문에 실용화되지는 못했다. 그러나 금일의 DMV는 철도 차량 모드와 버스 모드의 절체를 약 10초에 시행할 수 있다. 또 2007년에 제정된 지역공공 교통의 활성화 및 재생에 관한 법률에 의해 법적으로도 자리매김됨으로써 도입을 향한 법적문제도 해결되었다.

DMV 도입의 장점으로는 ① 통상의 철도 시스템과 비교하여 운행 비용이 저렴한 점, ② 철도와 버스의 Seamless화·Barrier Free화에 의해 편리성·서비스 레벨 향상이 가능한 점, ③ 공항이나 병원 등 지역의 거점 시설이나 관광지로의 접근에 의해 새로운 니즈를 창출할 수 있는 점, ④ 상황에 따라서 철궤도선·도로를 적절히 선택할 수 있기 때문에 교통 정체, 재해 시 등에 유연한 대응을 할 수 있는 점 등을 들 수 있다.

이러한 DMV 장점이 지자체나 철도 사업자로의 침투에 따라 일본 국내의 적지 않은 지자체, 철도 사업자가 DMV 도입을 염두에 두고 있다. 그뿐만 아니라 멀리 슬로바키아 찌리나(Žilina) 현에서도 도입 신청이 있을 정도이다.

한편 DMV의 과제로는 정원이 적다는 것을 들 수 있다. 통상의 마이크로 버스를 베이스로 개발한 플로토 타입차(DMV911, DMV912)는 개조 시에 철차륜을 탑재하였기 때문에 정원은 마이크로 버스보다 적은 16명이었다. 아무리 지방 로컬선용의 DMV라고 해도 아침저녁의 통근, 통학 수요에 대응할 수 없다면 도입은 어려워진다. 그러나 이점에 대해서도 2006년 이후 JR홋카이도(北海道)의 요청을 받아 토요타가 신형 DMV 차량 개발에 적극적으로 나섬으로써 과제였던 정원 증가가 실현되고 있는 중이다. 구체적으로는 토요타의 마이크로 버스'유스타'를 베이스로 한 25명 이상의 승차가 가능한 신형 DMV 차량이 토우야코(洞爺湖) 서밋(Summit) 개최에 맞아 성공이 알려지게 되었다. 현재 본격적인 영업운행을 목적으로 한 다양한 시험이 시행되고 있다.

■ IMTS

고무타이어 트램은 유럽과 미국의 제조사에 의해서 트랜스 롤, TVR, CIVIS, Phileas 등 지금까지 많은 모드가 개발되어 있다. 이러한 것은 프랑스를 중심으로 유럽과 미국의 적지 않은 도시에 도입되어 도시 내 교통으로서의 소임을 완수하고 있다. 다만 이러한 모드는 유럽과 미국의 제조사에 의해서 독점적으로 개발되었기 때문에 비용 면 등을 감안하면 일본으로의 도입에는 어려운 면도 있을 것이다.

일본의 제조사도 바이모달 교통 시스템의 개발에 몰두하고 있다. 토요타 자동차는 1990년대 후반이후 총합 일렉트로닉스 제조사나 (독)교통안전환경연구소 등과 공동으로 고무타이어 트램 개발에 적극적으로 나서고 있다. 일반적으로 무인 주행시스템을 포함한 ITS 영역은 자동차 제조사보다도 총합 일렉트로닉스 제조사 주도로서 연구개발이 추진되는 경향에 있으나 고무타이어 트램의 개발에 관해서는 토요타의 적극적 자세가 두드러진다. 토요타가 개발한 고무타이어 트램의 모드에 1999년부터 개발이 추진되고 있는 IMTS(그림 1)가 있다.

전용 궤도상에서의 무인 자동운전·대열 주행이 가능하므로 칼가모(일본고유어, 흰뺨 검둥오리)버스라는 다른 이름도 가진 자기 유도식의 IMTS는 가이드벽으로 둘러쌓인 전용 궤도 위는 철도 차량으로서 주행하고 일반도로 위는 버스로서 주행한다. 2001년에 아와지시마(淡路島)의'아와지(淡路) 팜파크(farm park) 잉글랜드의 언덕'의 원내 수송기관으로서 도입된 후 2005년에는 철도사업법의 적용을 받는 형으로서 아이치(愛知)만국박람회의 회장 내 교통의 소임을 맡았기 때문에 일약 유명해졌다.

바이모달 교통 시스템의 각 모드는 개발 제조사가 독점적으로 개발한 것이며 경쟁 원리가 작용하고

그림 1 아이치(愛知)만국박람회 IMTS

있었기 때문에 기술의 진보에 대해서 의문시하는 사람들도 있었다. 그러나 전술한 대로 실용화를 향한 DMV에 관한 기술개발은 진전하고 있다. 또 고무타이어 트램에 대해서도 IMTS의 발전계, 후속기인 BMH(바이모달 하이브리드)의 연구개발이 토요타를 중심으로 시행되고 있다. BMH는 IMTS와 마찬가지로 자기 유도식의 모드이다. 한편 기계 연결이나 중앙안내 궤조식 탈선방지 장치가 새로이 도입되고 있다. 일탈 방지 장치 도입에 의해 가이드 벽이 없는 병용 궤도에서 주행이 가능하게 되었다.

이와 같이 일본에서의 바이모달 교통 시스템 개발에는 토요타가 깊이 관여하고 있으며 DMV, IMTS, 그리고 BMH와 새로운 모드 창출의 견인차가 되어 왔다. 바이모달 교통 시스템의 발전은 세계 상위권에 있는 자동차 제조사의 공헌에 의하고 있다는 점에서 철도기술의 발전에도 다양한 접근법이 있다는 것을 시사하고 있다.

참고문헌

1) 荒川洋, 中田昌宏, 伊藤史雄 : 特集 DMV 地方交通への活用, RRR 第64巻 第10号, (財)鉄道総合技術研究所, 2007.

2) 大阪産業大学工学部都市創造工学科地域・交通計画(波床)研究室：特集 ゴムタイヤトラムの特徴と課題.
http://www.osaka-sandai.ac.jp/ce/rt/BRT/BRT.html

3) 上屋勉男：次世代自動車を巡る企業関係の動向と展望, 第46回産業学会全国研究会報告要旨集, 産業学会, 2008.

4) 佐藤安弘, 水間毅, 中村雅憲, 新村通, 青木啓二, 高田知幸, 田淵正朗：連結・分離可能なバイモーダル・ハイブリッド交通システム開発プロジェット,(独)交通安全環境研究所 平成18年度研究発表会, (独)交通安全環境研究所, 2006.
http://www.ntsel.go.jp/ronbun/happyoukai/happyoukai18.html

⁝ 도카이도(東海道) 레일에서의 새로운 물류 시스템의 움직임

○ 도카이도(東海道) 물류 신칸센 구상[하이웨이 트레인(Highway Train)]

도카이도(東海道) 메갈로폴리스[3](megalopolis) 구역에서 세계에서 유례를 찾아 볼 수 없는 획기적인 모달 시프트 시책의 실현을 향하여 '도카이도(東海道) 물류 신칸센 구상 위원회'[위원장・中村英夫 무사시(武蔵)공업대학학장・도쿄(東京)대학명예교수, 전문가 10명으로서 구성]가 2008년 2월에 발족하였다. '신토메이(新東名)・신메이신(新名神) 고속도로의 중앙 분리대나 기 착공한 사용 미확정 차선' 등을 최대한 활용하여 물류의 대동맥인 도카이도(東海道)루트[도쿄(東京)~오사카(大阪)] 사이에 최첨단 기술을 구사한 '물류전용 철궤도'의 개설을 목표로 한 구상이다. 도로와 철도, 양자의 이점을 살려 철도의 특성(대량・정시성, 저환경부하・생에너지 등)을 베이스로 트럭의 특성(기동성, 편리성 등)을 도입한 '환경친화적인, 이용자의 니즈에 대응할 수 있는 새로운 간선 물류 시스템'을 구축하는 것을 제언하고 있다.

---

3) 메갈로폴리스(megalopolis) : 그리스어. 많은 대도시가, 깊은 관계를 가지고 띠모양으로 연결되어 있는 지역. 그리스의 지리학자, 쟌 꼭토망이, 정치, 경제, 문화의 중추적 기능의 집적에 있어서, 메트로폴리스(대도시, 수도) 이상의 것이므로, 메갈로폴리스(거대도시)라 명명하였다. 역자 주

그림 1 도카이도(東海道) 물류 신칸센

표 1 주요 제원(안)

운행거리	약 600km
속도 · 소요시간	평균 시속 90~100km, 도쿄(東京) · 오사카(大阪) 간 6시간 30분
터미널 개소	도쿄(東京), 나고야(名古屋), 오사카(大阪)의 3개소 외 수개소
궤간	협궤(JR 등의 재래선과 동일)
열차 편성	5량 unit을 복수 연결, 1편성 최대 25량 정도 수송 수요에 따라 유연하게 대응
구동방식	동력 분산 구동, 급구배 구간은 리니어 모터에 의한 지원 시스템을 채용
수송력	3대도시권 상호 간에서, 약 20만 톤/일을 상정
적재화물	3.컨테이너(45ft부터 20ft까지) 방식

○ 제2토메이(東名)를 이용한 새로운 물류시스템안

나카닛폰(中日本) 고속도로(矢野弘典 회장 CEO)가 2007년 7월에 '신토메이(新東名) 꿈 road 간담회' (좌장 · 森地茂 정책연구대학원 대학교수, 학식경험자 10명과 同社의 경영자로 구성)를 설치하여 2020년의 전선 개통을 목표로 한 건설이 추진되고 있는 제2토메이(東名) 고속도로에 있어서 전개하는 최첨단 기술을 활용한 각종 서비스에 대해서 검토하고 있다. 그중의 중심으로 편측 3차선 중 1차선을 물류 전용 레인으로서 신물류 시스템을 도입하고자 하는 구상이 있으며 화물차, 트레일러의 고도정보화, 연결 주행, 대열 주행을 검토하고 있다.

그림 2 화물차, 트레일러의 고속정보화 이미지 그림(국토교통성 자료)

참고문헌

1) 株式会社ジェイアール貨物・リサーチセンター ホームページ
(http://www.jrf-rc.co.jp)
2) 新東名夢ロード懇談会 ホームページ(中日高速道路株式会社)
(http://www.c-nexco.co.jp/corp/construction/project/dreamroad.html)

12. 유럽 고속철도의 현상과 향후 전망

현상과 가까운 장래의 유럽의 고속철도

프랑스 국철은 TGV가 1990년 5월에 달성한 515.3km/h의 최고속도기록을 2007년 4월, 574.8km/h로 갱신하였다. 2개월 후 2007년 6월, 프랑스의 TGV 동선이 개통하여 최고속도 320km/h로서 운행을 개시하였다. 2008년 1월 시점에서의 유럽 고속철도망을 그림 1에 보인다. 유럽의 고속철도망은 이동성(mobility)이나 지구환경에 대한 사회 니즈를 배경으로 점점 확대를 보이고 있다.

유럽 위원회에 의해 2003년부터 국제 철도화물 수송이 2006년부터 국내 철도화물 수송이 자유화되었다. 게다가 2010년에는 국제 철도여객부문이 자유화, 2017년부터는 국내 철도여객부문이 자유화된다. 이것에 의해 철도 시장이 개방되어 민간사업자가 국제·국내 철도부문에 있어서의 철도 운영에 참여할 수 있게 되고 다른 섹터마다 시장경쟁 원리가 도입되어 지금까지 허용되어 온 각국 정부에 의한 지원 조치가 규제받게 된다. 이와 같은 상황 아래에서 화물 수송의 철도 쉬프트(shift)가 사업적으로도 주목받아 확대하여 오고 있으나 영불 터널의 화재 사고와 같이 여객 수송에 대한 화물 철도의 영향도 현재화하고 있다.

국체 철도 수송의 자유화에 있어서는 Inter-operability(철도의 상호 노선 연장이 가능한 것)에 관한 사항이 중요해지고 있다. 유럽 위원회에서는 고속철도 네트워크의 Inter-operability에 관한 지령 96/48/EC가 채택되어 2002년 9월에 유럽위원회는 트랜스·유러피안·네트워크의 고속철도에 관한 기술사양서(Technical Specification for Interoperability : TSI)를 공포하였다. 또 2004년에 기술을 전문으로 하는 공적 중추기관으로서 유럽 철도청이 발족하여 철도안전 및 Inter-operability에 관해 EU 수준에서의 진전을 도모하고 있다. Inter-operability 지령을 구현화하는 유럽규격(Euro Norm : EN)도 차차로 제정되고 있으며 그 적합성 평가를 하는 심사기관에 의한 인증제도도 확립되고 있다. 게다가 이러한 사양서나 규격 개발이 EU의 연구개발프로그램(Framework

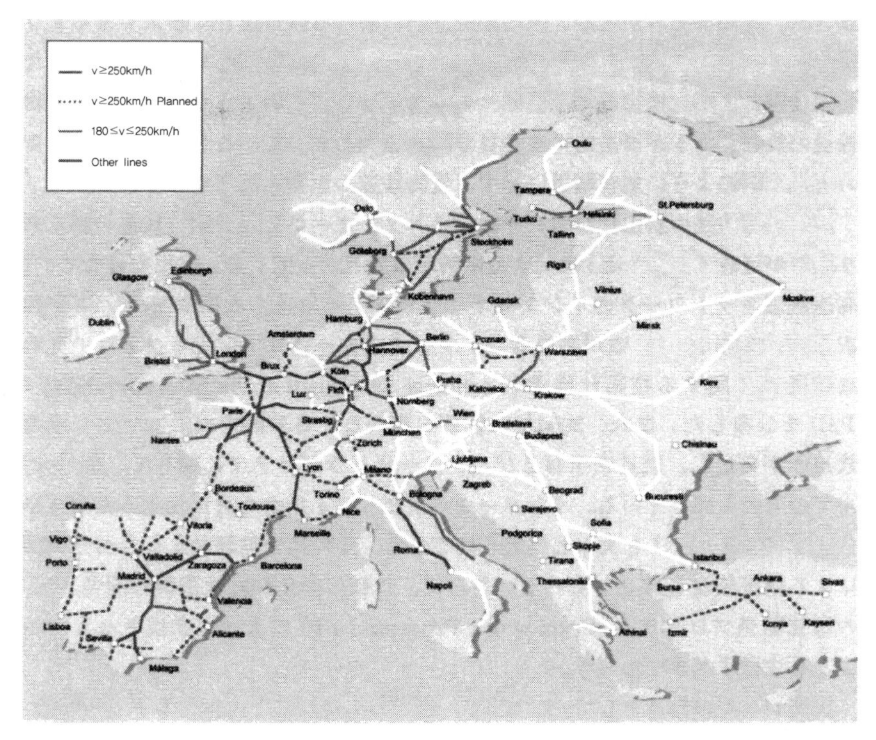

그림 1 현재의 유럽 고속철도망(2008년 1월) UIC 자료

Program : FP)에 의해서 지원되고 있는 것도 주목해야 할 것이다.

민간 레벨의 움직임으로서 2007년 7월, 유럽의 고속철도를 운행하는 독일 철도, 프랑스 국철, 벨기에 국철, 네덜란드 고속철도, 오스트리아 국철, 스위스 국철, 유로스타 UK와 고속철도 관련회사, 탈리스(Thalys), 릴리아(파리-취리히 간), 아레오(프랑스-독일 간)가 Railteam을 발족하였다. 이 팀은 국제 열차를 타겟으로 한 서비스 향상에 의한 고속철도의 이용추진을 목적으로 하고 있다.

또 이탈리아에서의 고속철도의 최초 민간사업자로서 NTV가 2008년 7월에 정식으로 활동을 개시하여 2011년 초에 운행 라이선스 취득한 후에 운행이 시작되었다. 에어 프랑스는 베오리아와 제휴하여 항공 수송에 대해서 고속철도

그림 2 Alstom 사가 개발한 차세대 고속열차 AGV

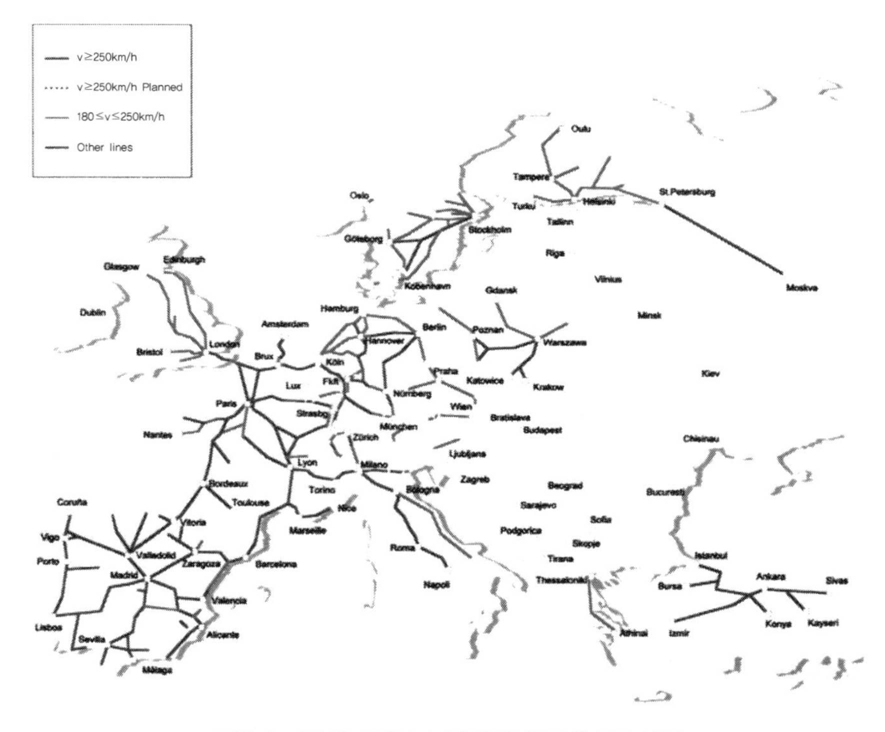

그림 3 미래의 유럽고속철도망(2025년) UIC 자료

수송이 절대적 우위에 선 파리로부터의 철도 소요시간이 2시간 반 이내의 거리에 있는 여러 도시와 파리를 연결하는 고속철도사업으로 EU 여객 수송시장이 자유화되는 2012~2013년을 목표로 진출하는 것을 계획하고 있다. 그 배경으로는 단거리 항공 여객을 확보하는 것과 TGV가 파리 교외의 샤를 드골 공항으로 노선 연장되어 있는 것, 나아가서는 프랑스 국철을 중심으로 활용되고 있는 일드 매니지먼트(yield management, 탄력적인 운임체계로 함으로써 공석을 줄여 탑승률을 향상시켜 수익 향상을 도모함)에 의해 가격적으로도 위협으로 되어 온 것이 고려된다.

고속철도 차량 개발에 관해서는 2008년 2월에 고속철도 세계최대 규모 알스톰 사가 신형 AGV를 발표하였다. 앞서 기술한 TGV의 세계 최고속도달성시험은 AGV 개발을 위한 데이터 수집도 목적으로 하고 있었다. 이탈리아의 NTV는 일반 공개를 기다리지 않고 AGV를 발주하였다. 운행속도는 360km/h로 설계되어 있다.

또 카와사키쥬코(川崎重工)는 2008년 9월, 수출을 예상한 신형 고속철도 차량 'efSET(이에프셋)' 개발에 착수한다고 발표하였다. 종래 조건별 차량 개발과는 다른 자주 개발이다. 세계 시장에 통용하는 영업 운전속도 350km/h의 고속철도 차량으로서 2009년도말까지 개발을 추진하였다.

이와 같이 고속철도 차량은 차량 제조사의 독자성을 가지고 개발되고 있다. 2008년 9월에 개최된 세계 최대의 국제 철도기술박람회 InnoTrans에서는 41개국으로부터 1900여 개의 전시가 있었다. 주목해야 할 것은 알스톰이 AGV를 반입하는 등 차량 제조사의 전시가 돋보인 것, 또 동유럽, 오스트레일리아, 중동, 중국 등의 출전도 있었던 것이다. 한편 유럽에서는 철도 차량의 운전석, 대차 등의 통일화 움직임이나 차량 부품에 대한 요구 사항이나 표준화를 도모하는 EU의 연구개발 프로그램(FP), MODTRAIN 프로젝트 등이 있으며 유럽 규격에 반영되고 있는 중이다.

고객 서비스에 관해서는 현재 몇몇 고속철도의 일등 차에 식사 서비스, 차내 인터넷 Wi-Fi의 사용, 영화상영 등이 되고 있다. 퍼스널 컴퓨터나 휴대전화에 의한 열차 예약도 가능하게 되고 있다.

독일판 리니어 모터카, 트랜스 래피드는 중국 상해에서 도입되었으나 독일에서는 건설비 급등, 자금 조달 곤란으로부터 트랜스 래피드·뮌헨 공항선의 건설 중지가 2008년 3월에 발표되었다. 향후는 중국이나 미국으로의 시스템 수출에 주력하게 될 것이다.

2030년의 유럽의 고속철도

유럽의 고속철도망은 2025년에는 그림 3과 같이 될 것이 예상되고 있다. 동유럽에서는 최고속도가 250km/h에 못 미치는 지역도 있고 아직 유럽 중에 동서 격차를 볼 수 있다.

철도여객 부문의 완전자유화에 따라 국유철도뿐만 아니라 다양한 민간 업자가 고속철도를 운행하고 있을 것으로 예상된다.

유럽에서의 고속철도 최고속도는 350km/h에 도달하고 있을 가능성이 높다. 화물의 고속수송(200km/h 이상 운전)이 개시되고 있을 것으로 생각된다.

새롭게 도입되는 차량으로는 지금까지 유럽에서 실적이 있는 알스톰, 지멘스, 봄바르디아뿐만 아니라 히타치(日立), 카와사키 쥬코(川崎重工), 로템(한국)이라는 아시아의 차량 제조사제가 도입되어 있을 가능성도 있다. 또 이 무렵에는 유럽의 고속철도 차량 규격이 국제규격으로 되어 그 규격으로서 이러한 고속철도 차량이 제조되고 있을 것도 고려된다.

철도 사업자의 관심은 지금까지 주안이 되어 온 안전, 유지관리 비용 저감, 환경 등뿐만 아니라, 고객 서비스에 의한 수요 개발에도 향하고 특히 급속히 진보된 다양한 IT 기술이나 로봇 기술이 고속철도에 도입되어 차량 서비스나 물류관리의 고도화에 공헌하고 있을 것이다.

현재 상황을 고려하면 유럽에서 트랜스 래피드 등의 리니어 모터카가 도입되고 있을 가능성은 낮을 것으로 생각된다.

참고문헌
1) International Union of Railways, 高速鉄道部.
2) http://www.railteam.co.uk/
3) http://www.innotrans-berilin.ru/english
4) http://www.modtrain.com/events.html

∷ 프랑스 TGV의 속도기록

2007년 4월 3일 프랑스의 신칸센이라고 할 수 있는 "TGV"의 시험열차가 최고속도 574.8km/h의 속도기록을 달성하여 차륜/레일 방식의 철도로서 새로운 세계기록이 탄생되었다.

V150 편성이라 명명된 TGV 시험편성은 2007년에 부분 개업한 TGV 동선 대상의 신제차량(TGV-POS) 중 제4402 편성의 양 선두차 및 별도의 TGV-Duplex라 불리는 2층 편성의 중간차량 3량을 베이스로 대차, 모터, 기타 기기의 교환 등 철저한 고속시험사양으로 개조한 5량 편성으로 시험에 즈음하여 지상 설비에도 각종 고속시험 대상 특별 대책이 시행되었다.

프랑스 국철에서는 1955년에 전기기관차(CC7107 및 BB9004호)에 의한 고속시험에서 달성한 331km/h

그림 1 파리발 영국 런던행 Eurostar와 독일 쾰른행 Thalys(2005년 파리 북역)

그림 2 V150 편성을 베이스로 한 東線행 TGV-POS(2007년 파리동역)

그림 3 1981년의 TGV 개업 당시부터 활약한 초기 차량(2005년 파리 북역)

그림 4 Siemens 사가 제조한 러시아행 ICE

라는 속도기록이 있으나 일본의 도카이도(東海道) 신칸센의 개업으로부터 17년 후, 토호쿠(東北) 신칸센과 같은 시기(1981년)에 남동선에서 최초의 영업 운전을 개시한 TGV에서는 1990년 5월에 대서양선행(TGV-A) 제325 편성의 특별개조차가 수립한 515.3km/h의 기록이 있다. 또한 일본의 리니어 모터카가 당시 보유하고 있었던 기록은 1979년에 미야자키(宮崎) 실험선에서 ML500형에 의한 최고속도 517km/h였다. 이와 관련하여 철도로서의 세계 최고속도기록은 2003년 12월 2일에 달성한 야마나시(山梨) 리니어 실험선에 있어서의 581km/h이다. 프랑스 측 공식견해에 의하면 TGV의 기록은 일본의 리니어 모터카를 의식한 것은 아니었다지만 TGV 기록은 리니어 모터카에 육박한 것은 사실이다.

현재의 TGV 영업 네트워크는 남동선, 대서양선, 북선으로 차차 확충되고 있다. 게다가 TGV용 차량은 프랑스 국내에 그치지 않고 Eurostar나 Thalys라는 국제 직통 운행용이나 스페인 AVE, 한국 KTX라고 하는 해외 철도 대상 편성도 수많이 등장하고 있다.

향후 세계의 고속철도 네트워크는 환경 우위성 등으로부터 더욱더 확장할 것으로 보인다. 유럽에서의 고속철도용 차량으로서 TGV 이외에는 독일의 ICE가 있으나 이쪽도 네트워크 확충이나 러시아, 중국 등으로의 해외전개도 진행되고 있으며 TGV와 마켓 쉐어(market share)를 다투는 입장에 있다.

금회의 TGV V150편성에 의한 고속시험에서는 거액의 시험비용을 프랑스 선로공사 RFF, 차량 개발 제조사 Alstom, 프랑스 국철 SNCF가 부담하고 있어 거국적인 프로젝트로 되고 있다. 또 속도시험에는 철도 신흥국을 중심으로 각국의 철도관계자가 초대되어 속도기록 달성을 시승 체험하였던 것으로서 TGV의 마케팅을 고려한 이벤트였다고 생각한다.

또 하나의 속도기록 '357'

통상 속도를 나타내는 단위는 km/h이지만 유럽에서는 지금도 야드·파운드법에 기초를 둔 mph를 이용하는 것이 있다. 1mph는 약 1.609km/h에 상당한다. 이와 관련하여 TGV의 속도기록 574.8km/h를 환산하면 357mph로 된다. 실은 최근 몇 년 '357'이라는 숫자에 매달린 또 하나의 획기적인 철도속도기록이 달성되었다.

2006년 9월 2일, 독일에서 시행된 주행시험에서 Siemens 사가 개발한 Taurus 시리즈라 불리는 전기기관차가 357km/h라는 속도기록을 달성하였다.

그림 1 Siemens 사의 Taurus

Siemens 사의 Taurus 시리즈는 이미 오스트리아 국철이나 독일 철도, 헝가리 국철 대상으로 양산화 되어 있으나 그중의 1량, 오스트리아 국철 1216형 50호기가 속도시험에 사용되었다.

위에서 기술한 TGV의 속도기록 시험에서는 차량에 주행시험 대상의 특별대책이 시행되고 있었던 것이지만 Taurus의 속도기록 시험에서는 기관차에 대해서는 통상과 다른 특별한 시험대책 등은 대부분 없고 거의 표준 사양인 채로 시험에 제공되었던 것이어서 그 잠재능력의 크기와 만능성을 각국 철도에 충분히 어필한 모양새이다.

기관차라고 하면 일본에서는 비교적 저속인 화물 열차나 여정이 넉넉한 야간 열차를 견인하는 이미지가 있을지도 모르지만 세계에서는 당해 Siemens 사의 Taurus 시리즈 이외에도 Bombardier 사의 TRAXX 시리즈, Alstom 사의 PRIMA 시리즈 등의 기관차를 차량 제조사 각사가 강력함과 스피드, 만능성이나 범용성을 세일즈 포인트로 세계 각국을 대상으로 판매를 도모하고 있다.

TGV로 대표되는 고속여객 열차와 화물여객 양용의 만능 기관차, 철도 차량의 카테고리는 다르지만, 어느 것도 차량 제조사가 세계 각국의 철도 대상(경우에 따라서는 국가에 의한 백업도 받음) 화려한 최고속도기록 갱신 시험을 주고받는 commercial이나 business를 전개하여 격렬한 쉐어 경쟁을 펼치고 있다.

∷ 세인트판크라스 역(St. Pancras station)

일본의 수도인 도쿄(東京)에는 어김없이 '도쿄 역'이 있어서 신칸센이나 도시권 수송 각선의 터미널로서 매일 많은 사람들이 승강, 환승에 이용하고 있다. 유럽에서는 '도쿄(東京)' 역과 같이 수도의 도시명이 그대로 역명으로 되고 있는 예는 반드시 많지 않다. 예를 들면 프랑스의 수도 파리에 '파리' 역이나 영국의 수도 런던에 '런던' 역은 존재하지 않는다.

런던에서는 도시의 중심을 둘러싼 것처럼 터미널 역이 설치되어 있어 런던으로부터 영국 각 방면으로의 열차는 각각 방면별로 정해진 터미널 역을 발착한다. 예를 들면 런던으로부터 북쪽의 스코틀랜드로 향하여 동해안 연선을 달리는 노선은 소설 해리포터에서도 친숙한 '킹스크로스(king's cross)' 역, 마찬가지로 스코틀랜드로 향하여 서해안 연선을 달리는 노선은 '유스톤(Euston)' 역, 서쪽의 웨일즈(wales)나 콘월(cornwall) 지방으로의 노선은 아가사·크리스티의 작품으로서도 유명한 '패딩턴(paddington)' 역, 남부로의 노선은, '빅토리아(victoria)' 역이나 '워털루(waterloo)' 역처럼 정해져 있다. 이것은 원래 영국의 철도가 관영이 아니라 각 노선이 사철로서 개업하여 노선마다 터미널 역을 가지고 있었던 것에 유래한다.

19세기 말부터 20세기 초반에 걸쳐 영국의 철도는 노선마다 다수 존재한 사철이 그룹화되어 킹스 크로스역 발착의 동해안선을 통하여 스코틀랜드로는 런던·노스이스턴(London North Eastern) 철도(LNER), 한편 서해안선을 통하여 스코틀랜드로는 런던·미들랜드·앤드·스코티쉬(London Middleland and Scotish) 철도(LMS), 패딩턴 역으로부터 서쪽으로는 그레이트 웨스턴(Great Western) 철도(GWR), 그리고 남부로는 서던(Southern) 철도(SR)처럼 크게 4개의 철도 그룹으로 나누어진 상황으로 되었다. 각 철도는 엄청난 서비스 경쟁을 펼쳐 세계 대전 중 독일군에 의해 폭격을 받는 상황하에 서조차 사철류의 치열한 서비스 경쟁이 시행되고 있었다. 전중 전후의 혼란과 사철류의 과당 경쟁에 의한 피폐로의 대책으로서 영국의 철도네트워크가 국유화

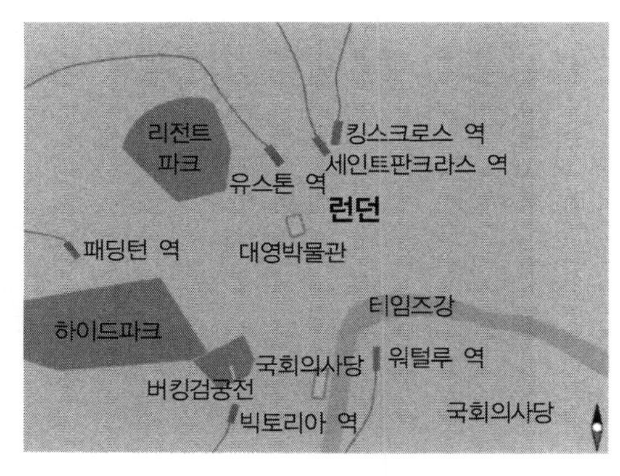

그림 1 런던의 역

그림 2 런던·세인트판크라스 역(2000년)

그림 3 근처의 런던·킹스크로스 역(2000년)

되었던 것은 1948년경이었다.

4대 철도 그룹의 하나인 LMS 철도는 원래는 런던 앤드 노스 웨스턴(London and North western) 철도(LNWR)와 미들랜드(Moddleland) 철도(MR)라는 2개의 철도 그룹을 통합하여 형성된 경위가 있어 그 때문에 런던의 터미널 역으로는 원래 LNWR의 유스톤 역과 원래 MR의 세인트판크라스 역이었다. 1865년에 개업된 세인트판크라스 역은 4대철도 그룹의 또 하나의 실력자로서 대항하는 LNER의 전신 그레이트·노던(Great Northern) 철도(GNR)의 킹스크로스 역의 대로를 끼고 서로 이웃하는 위치에 자리 잡고 있다. 세인트판크라스 역과 킹스크로스 역은 구 MR과 구 GNR과의 서비스 경쟁의 최전선으로 되어 1876년에는 당시 세계 최대의 큰 지붕과 터미널 내에 '미들랜드·그랜드홀(Middleland Grand hall)'을 품은 호화로운 빅토리안·고딕·리바이벌 양식의 역설비가 완성되었다. 세인트판크라스 역은 당시 런던에서 가장 유명한 건축물의 하나로 되었다.

그렇지만 1923년에 구 MR이 합병에 의해 LMS 철도가 되면 세인트판크라스 역의 지위는 서서히 저하를 시작한다. LMS 철도는 위에서 기술한 대로 런던으로부터 잉글랜드 북부, 스코틀랜드로 향하는 수송 쉐어를 LNER과 서로 취하는 심한 경쟁 관계에 있었다. 여객 쉐어를 확보하기 위해 런던~스코틀랜드 간의 속도 경쟁 중에서 장거리 열차는 토지의 형세상 고속화·소요 시간 단축에 유리한 유스톤 역 발착이 주체로 되며 세인트판크라스 역은 잉글랜드 중북부로의 단중거리 수송이 주체로 된다. 호화스러움이 극에 달한 거대 터미널 내의 호텔은 난방 부족이나 각 객실 개별 화장실·bathroom의 미비 등 설비가 시장 needs의 변화에 부합되지 않아 1935년에 호텔 영업이 폐쇄되었다. 건물로서는 1948년의 철도 국유화 후도 계속하여 사무소로서 사용되었으나 1985년에는 개정 소방법의 규정에 합치하지 않게 되어 사무소로서도 사용되지 않았다. 지금 한때의 라이벌인 킹스크로스 역과 동일한 영국 국철의 시설로서 이미 경쟁할 필요도 없게 되어 세인트판크라스 역은 그 호화로운 외관과는 정반대로, 터미널 내부는 폐허와 다름없게 되어 어두침침한 역 콩코우스의 옆으로부터 겨우 로컬 열차가 발착할 뿐으로 되고 있었다. 영국 국철 자체도 합리화·근대화로의 대처 실패, 타 교통기관과의 경쟁 격화에 의해 차츰 경쟁력을 잃고 있었다.

1981년에 프랑스에서 TGV가 개업하여 유럽 대륙에서 고속철도 네트워크가 확대, 철도 복권이 시작되었을 때 영국 국내의 철도 등과 같은 상황이었을까. 영국 국철에서는 1976년에 종래 기술을 견실하게 정리한 디젤 기관차 방식의 고정편성열차 HST를 개발하여 InterCity 125로서 최고속도 200km/h로서 운행을 개시하였다. 그렇지만 신칸센이나 TGV와 같이 새로운 고속 신선을 건설하는 것이 아니라 재래선을 이용하는 방식이었기 때문에 HST가 최고속도로서 운행할 수 있는 구간은 구 GWR의 패딩턴 역으로부터 서쪽으로 향하는 선구와 구 NER의 킹스크로스 역으로부터 스코틀랜드의 에딘버러까지의 동해안 본선 구간에 한정되었다. 그에 앞서 1974년부터 최고 시속 250km/hdns 전을 목표로 하여 혁신적인 진자식(틸팅) 고속열차 APT를 독자개발하고 있었으나 여러 가지 트러블에 의해 1984년에 개발계획이 파기되어 선행 시작차는 전부 폐차가 되었다. 1990년에 가까스로 동해안 본선 전선구가 전철화되어 설계 최고속도 225km/h의 전기기관차 방식의 InterCity 225가 도입되었으나 신호시스템 개량 지연으로부터 최고속도는 디젤 기관차 방식의 InterCity 125와 동일한 200km/h로 억제되어 현재에 이른다. 구 LNER의 A4형 4468호 '마라드(Mallard)'가 증기기관차의 세계 최고속도기록(203km/h)을 유지하고 있었던 바와 같이 증기 기관차 시대에 기록을 경쟁하고 있었던 철도기술도 일본보다 이른 1968년에 증기 기관차를 전폐한 후는 설비 근대화의 지연, 노후화, 전철화로의 대처로의 신중성으로부터 고속화나 기술개발의 정체, 고장, 중대사고의 다발 등의 문제에 직면하고 있었다. 또한 영국 국철은 그 후 1997년에 분할 민영화되어 열차 운행은 50년 만에 복수 프랜차이즈에 의한 경쟁의 환경으로 돌아왔다.

프랑스 TGV는 바다를 사이에 둔 영국의 철도에도 새로운 움직임을 불러왔다. 1994년에 유로 터널이 개업, 1996년에는 영국에도 프랑스 TGV에서 파생한 최고속도 300km/h의 유로스타가 런던~파리·브뤼셀 간에서 운행을 시작하였다. 드디어 영국의 철도도 유럽 고속철도 네트워크에 편입되었다. 유로스타는 개업 당초부터 십여 년에 걸쳐 런던 측 터미널로서 워터루 역이 사용되었다. 도버 해협을 건너 유로 터널을 나온 유로스타는 당초 런던까지 고속주행할 수 있는 선로가 없어 재래선을 주행하고 있었다. 런던으로부터 남으로 확장한 노선은 4대철도 그룹의 舊SR에서 유래하였지만 예로부터의 통근수송권이기도 하여 전철화 방식으로서 직류 750V 제3궤조 방식이 채용되고 있었다. 이것은 일본은 지하철 등에 사용되는 방식으로 전원 용량에 과제가 있어 고속철도용은 아니다. 유럽 대륙을 최고속도 300km/h로서 주행하여 온 유로스타도 영국 섬 내에 들어간 바로 그때 팬터그래프를 내리고 지하철과 동일한 방식으로 통근 전차와 나란히 재래선을 달렸다. 앞뒤를 달리는 낡은 통근 전차의 고장, 신호 트러블이나 전기설비 고장에 의한 지연도 종종 있었다.

영국 정부는 1996년, 유로 터널의 출구 포크스톤(Folkestone)으로부터 런던에 이르는 고속신선 건설의 계획을 책정하고 여기에서 새로운 런던 시내의 국제 터미널 역 건설이 방향 잡혔다. 그래서 새로운 터미널 역으로 선정된 것은 세인트판크라스 역이었다.

고속신선계획은 자금 측면의 과제도 있어 우여곡절이 있었으나 터미널 역을 세인트판크라스 역으로 하는 것에는 변경이 없이 일찍이 몇 번이나 해체가 계획되었던 거대 터미널은 호화로운 외관을 그대로 이용하게 되어 2004년부터 본격적으로 대개조 공사가 시작되었다. 2007년 11월에는 영국 여왕을 모신 개업식이 시행되어 유로스타의 새로운 터미널 역, 영국의 현관문 '세인트판크라스· 인터내쇼날'

역으로서 다시 태어났던 것이다. 영국 최초의 고속신선은 영업최고속도 300km/h 시대를 영국에도 불러와 파리 북역~런던 · 세인트판크라스 역 간을 최단 2시간 15분, 브뤼셀 남역~런던 · 세인트판크라스 역을 최단 1시간 50분에, 재래선 주행 시에 비해 약 40분이나 짧은 시간으로 연결하게 되었다. 또 2012년의 런던 올림픽 개최 시에는 고속신선 상에 메인 스타디움으로의 역이 설치되어 운영되었다.

건설 135년을 맞이하는 세인트판크라스 역의 거대 터미널에서는 미들랜드 · 그라운드홀의 폐쇄 이래 75년 만에 새로운 상업시설, 고급 호텔이 영업하게 되어 현재도 내부의 개조가 추진되고 있다. 세인트판크라스 역은 새로운 영국의 현관문으로서 만이 아니라 영국 철도의 '리노베이션'의 상징으로서 더욱더 역사를 거듭해나가게 된 것이다.

그림 4 InterCity 125

그림 5 InterCity 225

그림 6 세계속도기록을 가진 마라드(Mallard) 호와 동형의 A4형

그림 7 2000년 5월(개장 전)

그림 8 2007년 11월(개장 후)

그림 9 유로스타가 발착하는 세인트판크라스 역

C·A·H·P·T·E·R **04**

미래 시나리오

C·H·A·P·T·E·R 04

미래 시나리오

1. 미래 시나리오의 영향 요인

제3장에서 철도에 영향을 미치는 사회동향 변화에 대해서 정리하였는데 각 영향 요인이 철도에 미치는 파급효과(Impact)와 동향이나 발생의 불확실성에 대해서 표 1에 간단히 나타냄과 동시에 철도의 사회적 역할에 중대한 영향을 줄 것으로 생각되는 주된 요인을 다음과 같이 정리한다.

- 일본에서의 저출산·고령화의 흐름이나 지구 규모에서의 온난화 문제는 이미 회피할 수 없는 상황에 있으며 향후 일본 사회의 본연의 자세를 논의할 때에 반드시 화제로 채택되는 중요한 요인이다. 따라서 철도의 사회적 역할을 논의할 때에도 고려해야 할 요인이다.
- 철도를 중심으로 한 공공 교통을 유지하고 발전시켜나가려고 하는 국민적인 합의가 형성될 것인지 어떤지가 중요한 요인이다. 신칸센으로 대표되는 고속철도에 있어서는 CO_2 삭감에 이바지하는 도시 간 교통기관으로서 항공을 대신하는 주요한 주역으로서 합의될 것인지 아닌지, 도시 내 철도나 지방철도에 있어서는 고령자 대책이나 환경 대책으로 버스나 LRT 등의 Feeder 수송도 포함하여 유지하고자 하는 합의 형성이 될 것인지 어떤

지가 중요한 요인으로 될 수 있다.

- 현재 철도는 안전하고 환경 친화적인 교통기관으로 인식되고 있으나 대항 교통기관인 자동차의 안전성 향상이나 환경 대책으로 향한 연구개발은 착실히 추진되고 있으며 더욱더 비약적으로 진보하여 자동차의 높은 이동성(mobility)에 철도만의 안전성과 환경 조화성이 갖추어지면, 철도가 가진 그러한 우위성이 손상될 가능성은 부정할 수 없다.
- 자원 에너지 문제인 석유 채굴량의 감소에 대해서는 석유의 매장량이나 생산량의 피크가 언제 도래할 것인가에 대한 불확실성을 다분히 포함하고 있는데, 화석연료에 의존하고 있는 교통기관에 큰 영향을 미칠 수 있기 때문에 철도를 포함한 교통 시스템 본연의 자세의 근본적 수정을 강요당할 가능성이 있다.
- 대지진의 발생에 대해서는, 지진 발생 후의 조기 검지는 가능하지만 지진의 발생시기와 규모의 예지는 어렵기 때문에 항상 불확실성을 수반하지만 규모에 따라서는 철도를 포함한 교통 시스템 전체에 큰 피해를 초래할 것으로 생각된다.

이상으로부터 철도에 중대한 영향을 미치는 주된 요인으로서 '저출산·고령화', '지구온난화', '철도 이용의 합의 형성' 및 '자동차 기술의 비약적 향상'을 받아들이는 것으로 한다. 또 갑작스런 사상 발생이 철도에 영향을 주는 것도 고려하여 자원 에너지 문제로서 '석유 채굴량의 감소', 자연재해로서 '대지진의 발생'에 대해서도 주된 요인으로서 다루기로 한다. 다음 그림에 이러한 요인들의 철도로의 임팩트의 대소와 불확실성의 고저의 관계를 나타낸다.

또한 'BRICs', '고도정보화', '가치관의 다양화', '도주제(道州制)' 등에 대해서는 각각이 일본 사회의 교통 시스템에 영향을 주는 요인이지만 여기에서 받아들인 주된 요인이나 그러한 것으로부터 발생하는 사상에 관련한 보조적인 요인으로 고려된다. 그 때문에 여기에서는 미래 시나리오를 작성하기 위한 주된 영향 요인으로서 다루지 않는 것으로 한다.

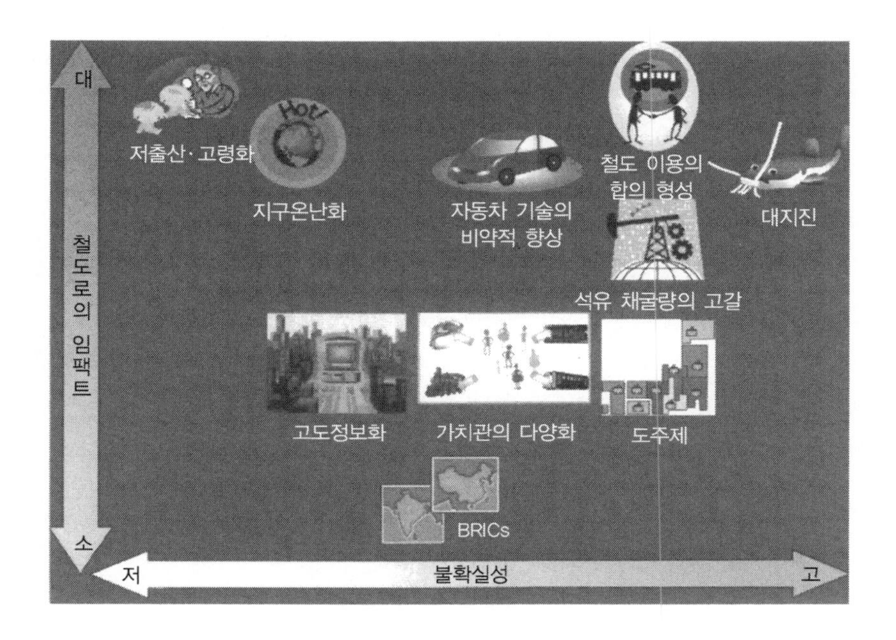

표 1 각 영향 요인의 파급효과와 불확실성의 분석

		파급효과	주된 근거	불확실성	주된 근거
a. 인구	저출산	대	교통 수요 감소 생산 연령 인구 감소	저	출생률 증가는 전망할 수 없음
	고령화	대	교통 수요 감소 고령자 대책 요구 증대	저	인구구성으로부터 확실
b. 지구온난화		대	CO_2 배출삭감에 대한 철도의 역할 증대	저	IPCC 예측
c. 철도 이용의 합의 형성		대	철도의 존속에 관련됨	고	정책과의 관계
d. 자동차 기술의 비약적 향상		대	대항 수송기관 안전이나 CO_2 삭감의 대책 등의 착실한 추진	고	ITS, 환경대책 차가 언제, 어느 정도 보급할 것인지 예측이 불확실
e. 석유 채굴량의 감소		대	화석연료에 의존하지 않는 철도의 역할 증대	고	석유 매장량이나 생산량의 피크 시기가 불명확
f. 대지진		대	규모에 의하지만 큰 장기간 이용 곤란하게 될 가능성 있음	고	시기와 규모의 예측이 불확실
g. BRICs		소	기술 협력 자원에너지 문제	중	높은 경제성장이 기대되고 있으나 문제 다수
h. 고도정보화		중	기반기술 교통의 질적 향상에 공헌	중	어느 시점에서 어느 정도 진행할 것인지는 명확하지 않으나 확실
i. 가치관의 다양화		중	다양한 편리성 등의 요구 확대	중	다양화의 요인이 다수 존재
j. 도주제(道州制)		중	지방자치체에 의한 지원의 본연의 자세와 관계	고	정부의 검토 단계

2. 미래 시나리오의 작성

철도의 미래상을 검토하기 위한 미래 예측 시나리오를 작성하는 전 단계로서 앞 절에서 추출한 미래 사회의 주된 영향요인의 상호관계 및 인과관계를 분석하였다. 그 개략을 그림 1에 나타내고 다음에 간단히 설명한다.

저출산·고령화에 의한 인구 감소 사회의 도래와 지구온난화의 현재화를 발단으로 하여 인구 감소가 초래하는 교통 수요 감소 등과 온난화 대책으로서 CO_2를 삭감하기 위한 생에너지화나 고효율화가 예상된다. 생에너지화나 고효율화를 목표로 하기 때문에 공공 교통이 중요시되어 철도 이용이 촉진되는 한편, JR이나 중소 민철(民鉄)이 안고 있는 비채산 노선에 있어서는 교통 수요 감소에 따라 노선을 유지하는 것이 곤란해져서 폐지에 몰리고 있을 것으로 추정된다. 고령자 대책이나 CO_2 삭감 대책으로서 철도가 유효한 교통기관이라는 인식을 하여 철도 이용의 합의 형성에 의해 정책적으로 공공 교통기관으로서의 철도가 존속될 수 있으면 국가 전체나 지역의 활성화로 이어질 것으로 생각된다. 한편, 철도의 대항 수송기관인 자동차의 안전이나 환경 대책기술이 비약적으로 향상되어 철도의 안전성이나 환경 우위성이 상대적으로 저하함에 의해 새로운 자동차 사회화(motorization)가 진행하면 비채산 노선뿐만 아니라 기타 노선에 있어서도 철도 이용의 유효성을 유지할 수 없게 되어 국지 노선의 적자가 증대하여 지방철도의 유지가 곤란해질 것이다.

석유 채굴량의 감소나 대지진의 발생에 대해서는 저출산·고령화와 지구온난화라는 기본적인 상황하에서 돌연 발생할 사상으로서 생각한다.

도주제(道州制)는 철도 이용의 합의 형성 범위와 유지해야 할 철도의 성격과 관련 있고, BRICs에 대해서는 이러한 나라들의 고도경제성장은 다량의 에너지 소비를 수반하므로 지구온난화와 관련될 것으로 생각한다.

고령화나 온난화, 고도정보화 등이 요인이 되어 가치관이 다양화하고 라이프스타일에 변화가 발생하게 된다. 따라서 그림 1에는 가치관의 다양화와의 관련을 도시하지 않았으나 각 요인이 주는 여러 가지 상황이 가치관을 다양화

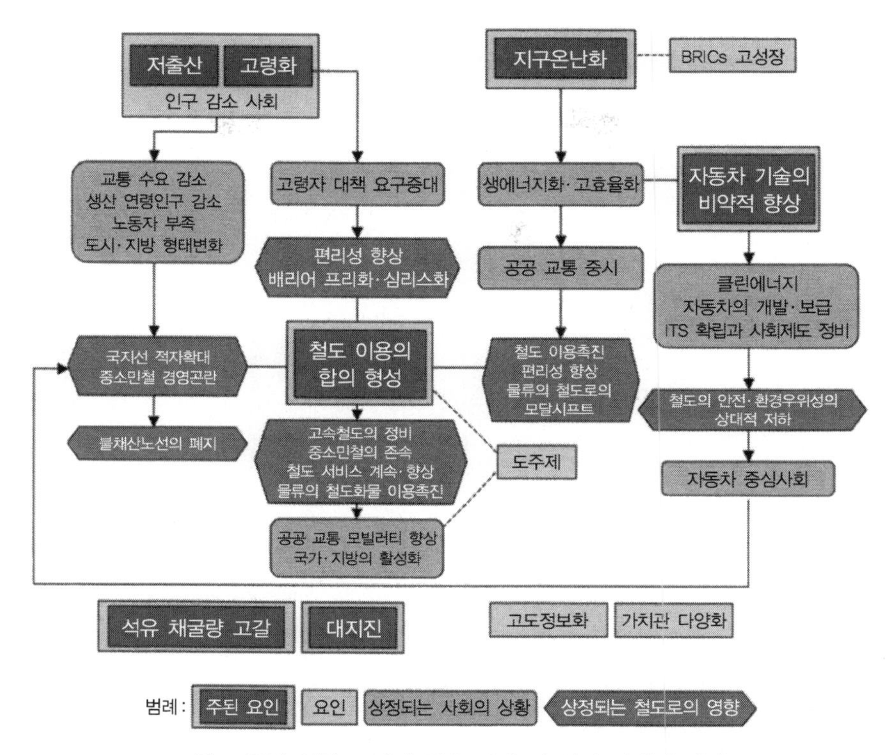

그림 1 주된 영향 요인의 상호 관계 및 인과 관계의 개략

시킬 것으로 생각된다. 또, 고도정보화에 대해서도 마찬가지로 도시하고 있지 않으나 모든 상황에서 정보통신기술이 활용될 것으로 상정된다. 결국, 전체가 고도정보화와 가치관의 다양화의 조류에 있어 이러한 2가지의 요인은 다른 요인이나 요인으로부터 생기는 상황과 전혀 관련이 없다는 의미는 아니다.

앞 절의 분석 결과를 토대로 주된 영향 요인을 조합시킴으로써 그림 2에 보인 4가지의 독립된 미래 시나리오를 구축하였다. 저출산·고령화와 지구온난화는 불확실성이 낮은 요인이므로 이러한 2개의 요인을 각 시나리오에 공통의 기본 시나리오로 하고 여기에 기타 요인을 편입시켰다.

철도성장형(호크아이, Hawk eye) 시나리오에서는 철도의 이용촉진에 관한 합의 형성이 되고 자동차 기술의 진보가 별로 영향을 미치지 않아 철도가 교통

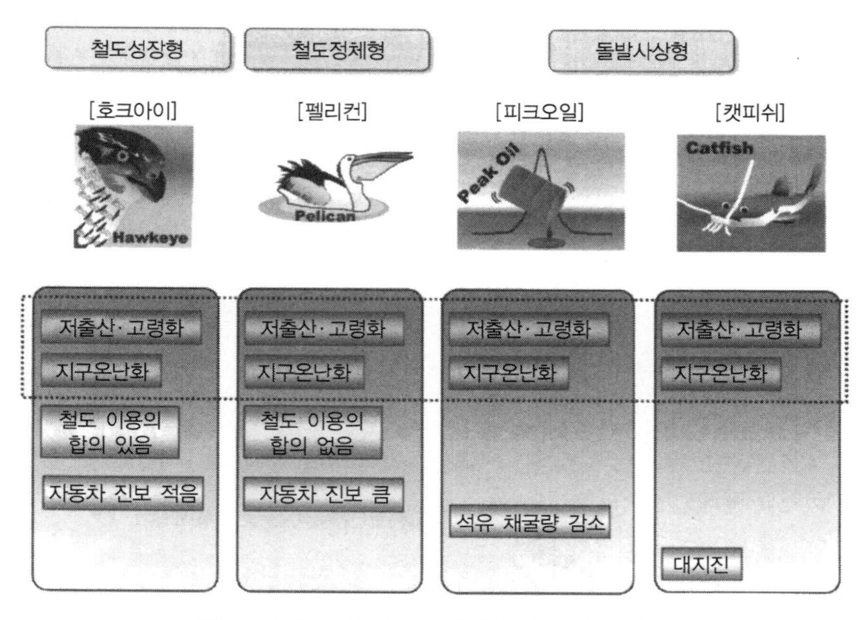

그림 2 4개의 미래 시나리오(점선 내 : 기본 시나리오)

시스템의 중심에 있다는 것을 상정하였다. 호크아이[鷹目石(응목석)][4]는 '결단과 전진을 의미하는 돌'이라고 말하며 현상으로부터 날아 오르게 해주는 용기를 주는 돌로 되어 있다. 철도가 성장(전진)하는 시나리오의 대상으로서 '호크아이 시나리오'로 하였다.

철도정체형(펠리컨, Pelican) 시나리오에서는 철도의 이용촉진에 관한 국민적인 합의를 형성할 수 없어 시장 원리에 맡겨지는 한편, 자동차 기술이 비약적으로 향상하여 자동차 중심의 사회로 되는 것을 상정하였다. 펠리컨은 하늘을 나는 새 중에서는 최대급의 부류에 들어가는 철새로서 저공비행을 하면서 바다를 건넌다. 대량 수송기관인 철도가 정체하면서 존속해나가는 모습을 나타내어 '펠리컨 시나리오'로 하였다.

또 돌연 사회변화를 상정한 돌발사상형으로서의 2개의 시나리오를 작성하였

4) '각섬석, amphibole'의 일종 '청석면, crocidolite '이 일부 규산에 의해서 치환될 때에 섬유질의 '석영, quartz'으로 되었던 것이 응목석(鷹目石)이 된다. 역자 주

다. 하나는 석유 채굴량의 감소가 사회문제로서 급속히 현재화하는 것을 상정한 시나리오(피크오일), 또 하나는 효고겐(兵庫県) 남부 지진의 규모 이상의 대지진이 발생할 것을 상정한 시나리오[캣피쉬(메기, Catfish)]이다. 일차 에너지 공급의 약 40%, 수송 에너지의 90%를 차지하는 석유가 곧 감소할 것이라는 '피크오일'론이 ASPO를 중심으로 논의되고 있으므로 '피크오일 시나리오', '메기가 날뛰면 지진이 일어난다'고 예로부터 전해지고 있는 바와 같이 메기(Catfish)는 지진의 상징이므로 '캣피쉬 시나리오'로 하였다.

3. 기본 시나리오

각 미래 시나리오에서 추정된 철도로의 주된 영향에 대해서 표 1에 정리하고 설명한다.

향후, 저출산·고령화의 진행에 의해 인구 감소 사회로 이행됨에 따라 교통 전체에서 이용자가 감소하고 특히 통근, 통학의 정기 이용자가 감소한다. 그러나 한편으로는 고령화의 진행에 의해 고령 이용자가 증가한다. 이 때문에 새로운 배리어 프리(Barrier free)화나 교통 관계의 환승 편리성 향상을 도모하기 위한 심리스(Seamless)화, 결절점 플랫(Flat)화의 요구가 높아진다.

인구 감소는 도시나 지방의 형태에도 영향을 끼쳐 보다 편리성이 높은 도시부로의 인구의 집중이나 지방의 과소화를 조장하고 JR 및 중소 민철(民鉄)의 국지 노선에서는 이용자 감소에 의해 경영이 곤란해진다. 또, 인구 감소에 의해 노동 인구는 감소하지만 노동 생산성의 향상에 의해 노동자 1인당 실질 소득은 증가한다. 소득향상에 의해 고속화로의 요구도 높아진다. 기존 철도망으로의 고속화의 요구는 높아진다. 한편 도시 간 고속철도의 정비는 비교적 순조로이 진행된다.

지구온난화의 진행에 의해 철도에 대해서는 현재 이상으로 생에너지화·고효율화가 요구된다. 또 온난화의 영향으로 대규모 태풍이나 대우(大雨) 혹은 소우(少雨) 등의 이상 기상이 다발하며 이에 수반한 홍수, 토사 붕괴 등의 재해가 증가할 것으로 알려지고 있다. 그 때문에 재해에 강한 철도 시스템이 요구된다.

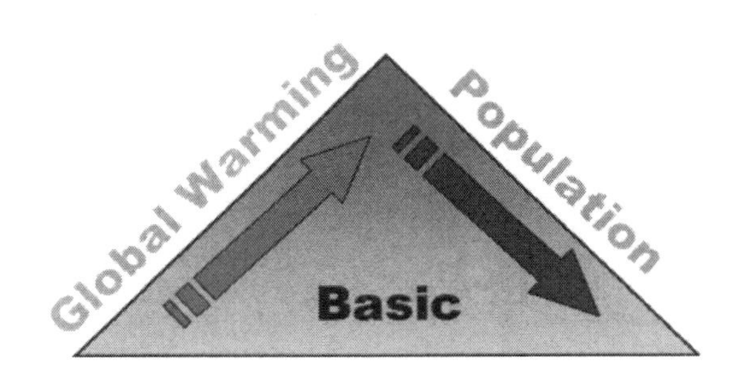

표 1 각 미래 시나리오에 있어서의 철도로의 영향

<table>
<tr><th colspan="2">◆ 기본 시나리오</th></tr>
<tr><td>• 이용자(특히 통근, 통학자)의 감소
• 고령 이용자의 증가
• 노동 인구의 감소
• 노동 생산성 향상</td><td>• 생에너지화
• 이상 기상에 의한 재해의 증가
• 소득향상에 의한 고품질 서비스로의 Needs
• 고속철도 정비</td></tr>
<tr><th>◆ 철도성장형
【호크아이】 시나리오</th><th>◆ 철도정체형
【펠리컨】 시나리오</th></tr>
<tr><td>• 공공 교통 이동성(mobility)의 향상
• 도시 내 교통의 정비
• 여객 수송의 고품위화
• 타 수송기관으로부터의 이전에 의한 철도 이용 촉진
• 고도정보기술·로봇 기술의 도입
• 고령 고소득자·가치관의 다양화에 대응</td><td>• 인프라의 노후화에 의한 유지관리 비용 증대
• 국지선 폐지
• 공공 교통 이동성(mobility)의 감소 (특히 고령자 대상)
• 철도노선은 망상(網状)으로부터, 신칸센에 도시 내 철도망이 얽히는 정도의 선상(線状)으로
• 비약적으로 향상된 자동차 기술의 도입</td></tr>
<tr><th>◆ 돌발사상형
【피크오일】 시나리오</th><th>◆ 돌발사상형
【캣피쉬】 시나리오</th></tr>
<tr><td>• 철도의 중요도 상승·수송 수요 증대
• 면적 수송으로의 요청 증대
• 생에너지 물류의 중요성 증대
• 더한층 생에너지화·저비용화
• 철도기술의 수출수요 증대
• (고속)도로의 선로 전용</td><td>• 철도 수송 정지에 의해 철도의 중요성이 재인식
• 철도 인프라의 재구축
• 내진기술이나 조기 경보기술의 향상
• 재해 부흥 지원 기술
• 신속한 부흥 도시계획</td></tr>
</table>

4. 철도성장형 【호크아이】 시나리오

환경문제가 첨예화하고 온난화 방지를 위해 공공 교통기관인 철도 이용이 촉진됨과 동시에 고령자의 이용 증가에 대한 새로운 대책이 요망된다. 철도 이용에 관한 광범위한 국민적인 합의가 형성되어 자동차의 도시부 유입규제나 철도 이용촉진 등 법적·사회적 제도의 정비가 도모된다. 전국적으로 공공 교통 이동성(mobility)의 향상이 요구되고 교통 수요 감소에 의해 경영이 곤란한 중소 민철(民鉄)에 대해서도 비채산 선로의 존속을 위해 여러 가지 지원이 시행된다. 이로 인해 지방의 공공 교통 이동성(mobility)이 확보된다. 또, 도시내 교통의 정비에 있어서는 배리어 프리화, 결절점 플랫화나 고도 정보 기술의 이용에 의한 환승 편리성의 향상이 한층 요구되며, 이동 시간의 단축이나 혼잡 해소 등 여객 수송의 고품위화로의 요구가 높아진다. 또, 온난화 방지의 관점으로부터 항공기 등 타 수송기관으로부터 철도로의 이용전환이 요구되며, 고속화를 위해 신칸센 철도 정비가 확대된다.

자동차의 환경이나 안전에 대한 기술은 약간 향상되지만 철도의 환경 우위성은 유지된 상태이다.

철도 시스템 전체에서 고도 정보기술이나 로봇 기술 등의 최첨단 기술이 편리성 향상이나 고효율화에 도움이 될 수 있다.

고령 고소득자의 비율이 증가하는 것에도 영향을 받아 가치관의 다양화가 한층 진행한다. 이에 따라 철도의 이용 방식이 변화하기 때문에 이것에 대응한 철도 서비스의 창조가 요구된다.

5. 철도정체형 【펠리컨】 시나리오

인구 감소의 영향에 가세하여 자동차 중심의 사회이기 때문에 철도 이용자의 현저한 감소에 의한 수입 감소와 더불어 인프라의 노후화에 의한 유지관리 비용이 증대한다. 그 때문에 특히 지방의 중소 민철(民鉄)에서 현재 채산노선이라도 경영상태가 핍박받게 되어 철도를 존속시키기 위해 유지관리의 초저비용화가 요구된다.

이와 같은 상황에 있어서도 철도 존속을 위한 국민적 합의가 얻어지지 않아 공공 교통으로의 정책적인 지원은 시행되지 않기 때문에 비채산 노선은 차츰 폐지에 몰리게 된다. 폐선 후는 공공 교통 이동성(mobility)이 감소하기 때문에 주로 고령자의 이동 지원을 목적으로 하여 철도를 대체하는 저렴한 수송시스템이 요구된다.

국지선 폐지에 의해 지방은 급속히 쇠퇴하고 도시부로의 인구가 집중하기 때문에 철도노선은 망(網) 모양으로 발달하고 있었던 것이 신칸센에 도시 내 철도망이 얽히는 정도의 선(線) 모양으로 된다.

도시 간 수송에 있어서도 항공과 철도의 경쟁은 시장원리에 맡겨지고 정책적인 유도는 하지 않으므로 수도권이나 대규모 지방 도시에서는 고밀도 수송에 대응한 편리성이나 환경 조화성의 향상이 요구되어 비약적으로 향상된 자동차 기술의 도입이 촉진된다.

6. 돌발사상형 【피크오일】 시나리오

석유 채굴량이 감소하여 공급이 2010년 전후부터 연 2% 감소, 수요는 연 2% 증대하여 석유 가격이 현저히 급등한다. 갑자기 석유 채굴량의 감소가 사회문제로서 현재화하기 때문에 에너지원으로서 석유 의존도가 낮은 철도의 사회적 역할에 대한 중요도가 상승한다. 석유를 에너지로 하는 자동차를 대부분 이용할 수 없게 되기 때문에 철도의 면적(面的) 수송으로의 요구가 증대한다. 또 트럭 등에 의한 화물의 수송이 불가능하게 되기 때문에 철도에 의한 물류의 중요성이 높아진다. 장거리 화물 수송에 신칸센이 이용되며 도시 내에 있어서의 근거리 화물 수송에도 철도가 이용된다. 이와 같은 상황하에서 현재 상태의 선로 용량으로서는 수송 수요를 조달하지 못해 신선의 건설이나 일반 도로나 고속도로의 선로로의 전용이 이루어진다. 그러나 여전히 생에너지화나 저비용화가 요구되는 상황은 변하지 않는다.

이 시나리오는 석유 자원이 없는 일본에 대해서 특히 영향이 크지만 자원 보유국에서도 조만간 석유에 의존된 사회가 성립 못하게 된다. 그 때문에 세계적으로 철도 수송의 중요성이 인식된다.

7. 돌발사상형 【캣피쉬】 시나리오

효고겐(兵庫県) 남부 지진의 규모 이상의 대지진(首都直下地震, 東海大地震 등)이 발생하여 철도뿐만 아니라 모든 교통수단이 끊겨 본격적 복구에 장기간을 요한다. 사회기반 인프라인 철도를 장기간 사용할 수 없게 되어 사회에 있어서의 철도의 중요성이 재인식된다. 복구에 있어서 철도 인프라 재구축이 실시되지만 중요 노선의 재부설에 그치고 한산 선구는 폐선이 된다. 또 원상복구에 그치지 않고 부흥을 염두에 둔 도시 재생계획을 신속히 제안하는 것이 요구된다. 계획을 조기에 실현하기 위한 부흥 지원기술이 필요로 된다. 재해를 입었을 때의 철도 역할에 대해서도 검토할 필요가 있다.

또 대규모 지진에 대비하여 피해를 최소한으로 억제하기 위해 철도 인프라의 내진기술이나 조기 경보기술의 향상이 한층 더 요구된다.

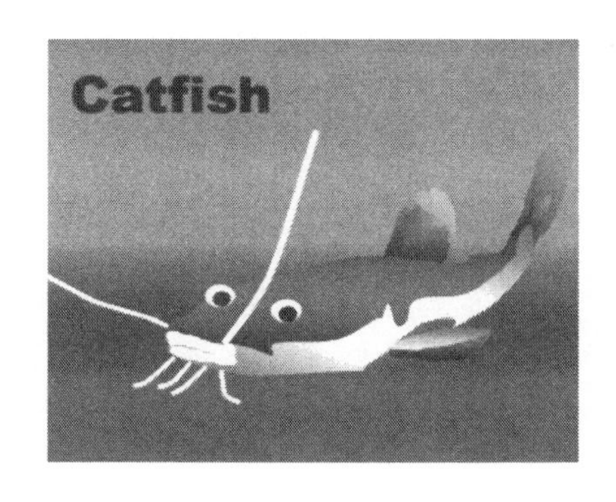

C·A·H·P·T·E·R **05**

철도로의 영향과 **기술개발 항목**

C·H·A·P·T·E·R 05

철도로의 영향과 기술개발 항목

1. 미래 시나리오로 본 연구개발의 카테고리

시나리오·플래닝에 의한 검토결과로부터 각 미래 시나리오에 대해서 중점적으로 대처해야 할 연구개발의 카테고리를 정리하면 표 1과 같다. 각각의 카테고리는 많은 연구요소로부터 구성된다.

또한, 캣피쉬 시나리오는 이러한 중점 항목과의 관련성이 낮으므로 표에서 제외하였다.

표 1 각 시나리오에 있어서의 중점 항목

	철도성장형 【호크아이】	철도정체형 【펠리컨】	돌발사상형 【피크오일】
생에너지화	○	○	◎
저비용화	○	◎	○
도시 내 이동성(mobility) 향상	◎	△	◎
고속화	◎	○	○
물류	○	△	◎

2. 미래 시나리오에 있어서의 철도로의 영향과 기술개발 항목

(1) 각 시나리오 공통의 철도로의 영향

각 시나리오에 있어서 공통적인 철도로의 영향은 다음과 같다.

또한 이러한 공통의 과제에 더하여 각 시나리오마다 상정된 상황과 철도로의 과제, 나아가서는 기술개발 항목의 아이디어에 대해서 기술한다.

- 이용자(특히 통근, 통학자)의 감소
- 노동 인구의 감소→노동력 저하
- 노동 생산성 향상(노동자 1인당 실질 소득 9% 증가)
- 고령 이용자의 증가
- 생에너지화
- 이상 기상에 의한 재해의 증가

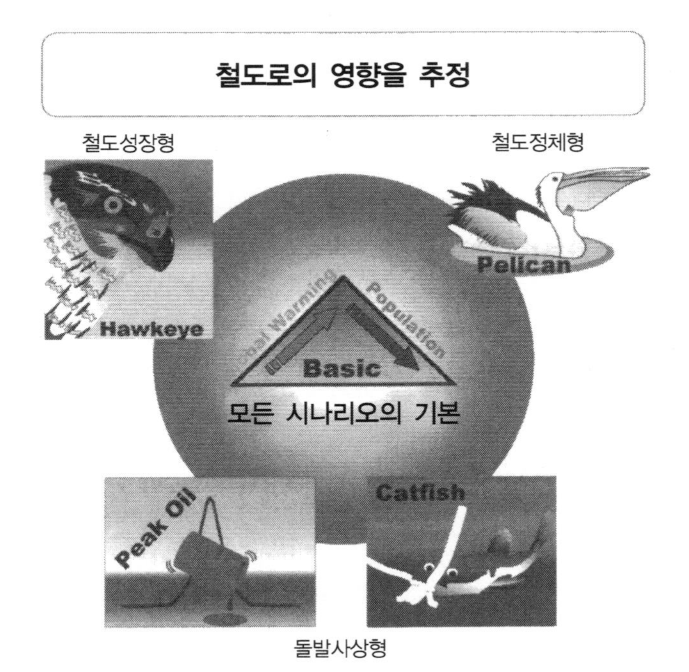

(2) 철도성장형 【호크아이】 시나리오

상정

- 공공 교통으로의 여러 가지 지원 있음
- 철도정비에 국민적 합의가 형성됨

배경

- 본격 피크오일은 아니며 원유 가격은 약간의 가격 급등으로 진정됨
- 중국 경제 발전에 수반한 폭발적 석유 수요의 증대 등에 의해 수급이 어려워짐으로써 석유 가격이 급등하고 생에너지화에 대한 분위기가 고조되어 대체에너지로의 전환이 시도됨

철도로의 영향

- 공공 교통에 여러 가지 지원이 시행되기 때문에 철도를 부설하면 사람이 증가하고 주거 환경도 좋아진다는 사실이 입증된 지방 도시가 증가한다.
- 환경문제가 첨예화하여 철도 이용이 촉진된다.
- 이동이 하나의 여가, 자유로운 시간으로서 자리매김되어 이동 중의 독서, 릴렉세이션, 영화감상 등의 차내 서비스가 충실해진다.
- 사회의 급속한 고령화에 의해 철도망의 유지·정비에 재정 지원하자는 여론이 형성된다. 도시 내의 이동 수단으로서 저렴한 LRT 시스템이 개발되고 도입 계획이 본격화한다. 아울러 도시부에서는 승용차의 유입규제가 본격화한다.

기술개발 항목의 아이디어

- 공공 교통 정비촉진 : 정비 신칸센, 신칸센의 업그레이드된 고속화, 완전 입체교차화(건널목 없는 궤도), 대환상(大環狀) 철도 LRT
- 환경부하가 낮은 철도 : 모달 시프트, 신칸센 화물 열차, 트레인 온 트레인(train on train), 超省전력 모터, 100% 자연 에너지에 의한 배터리 트레인,

연료전지 차량, DMV형 화물 열차
• 철도여객 수송의 고품위화 : 재래선의 200km/h화, 선형 개량의 저비용화, 흔들리지 않는 철도의 개발, 단거리 여객 수송의 표정속도 80km/h화

(3) 철도정체형 【펠리컨】 시나리오

상정

• 철도 이용을 촉진하고자 하는 국민적 합의 형성되지 않음
• 공공 교통으로의 여러 가지 지원 없음
• 철도에 유리한 요인의 발생에도 불구하고 철도 정비에 손을 대지 않음
• 미국형 자동차 사회가 진전함

배경

• ITS 기술, 하이브리드, 연료전지기술의 급속한 발전에 의해 노선버스·승용차의 효율이 극적으로 개선되고 철도의 정비·유지는 사업자의 재량에 맡겨져 간선이 되는 철도(신칸센 등) 이외는 폐선이 잇따른다. 일본의 철도망은 망모양으로부터 선형으로 된다.
• 인구 감소에 수반한 도시기능의 유지, 복지 서비스의 효율적인 제공, 그리고 수송 에너지의 삭감을 목적으로 하여 도시부로의 인구 집중이 적극적으로 추진된다. 지방 도시는 쇠퇴하여 도주제(道州制)로의 움직임이 가속한다.

철도로의 영향

• 인프라 노후화가 진행하고 그것에 수반한 철도사고가 증가한다.
• 철도 정비는 사람이 밀집한 도시권에 집중하고 결과적으로 지방철도는 배제된다.
• 유지관리를 할 수 없는 지방노선에서는 폐선도 증가한다.

- 지방 교통선 폐지 후의 대체 교통수단으로 현재의 버스나 택시로 바뀌는 새로운 수송 모드가 고안된다.
- 신선을 건설할 수 없기 때문에 기존의 인프라나 설비, 차량을 활용한 신교통 시스템이 개발된다.
- 지방 인구의 대폭적인 감소에 의해 고속도로를 포함한 지방 도로의 정비도 정지하고 그 건설비가 도시 내 철도의 수송력 증강, 매력 향상으로 방향을 돌린다.
- 철도 사업자는 비채산 노선의 폐지와 수송 효율 향상으로부터 생긴 여유를 이용하여 배리어 프리(Barrier free)화, 에콜로지(Ecology)화에 지금 이상으로 적극적인 투자를 한다.
- 자동차에 비해 철도는 환경에 배려한 첨단적 기술을 도입하기 쉬울 것으로 일반적으로 생각되고 있었지만 자동차 기술(클린, 안전, 저비용 등)이 향상하여 양산 자동차로의 적용이 급속히 추진된다. 자동차의 클린한 이미지가 정착하여 철도는 환경 면에 있어서의 이미지에서 자동차에 뒤처지게 되어버린다.

기술개발 항목의 아이디어

- 초저비용화 : 메인테넌스·프리화, 무가선화, 자동화
- 폐선의 활용 : 폐선을 이용한 DMV ⇔ 자동차 ITS 기술이용, 장대편성 DMV (여객 및 화물 수송)
- 초저비용의 신교통 시스템 : LRT보다 저렴한 도시 내 철도 ⇔ 자동차 ITS 기술이용, 화물 수송의 효율화
- 도시 내 철도의 충실 : 게이트리스(gateless)·티켓리스(ticketless)·심리스(seamless), 호스피탤러티(hospitality) 향상, 노동 경감(장거리 철도 이용), 차내 혼잡 해소, 역 혼잡 해소, 저운임화, 승차감 개선(차체·대차 비접촉 결합)
- 신칸센의 충실 : 신칸센의 업그레이드 고속화, 신칸센의 쾌적성 향상, 신칸센의 화물 이용

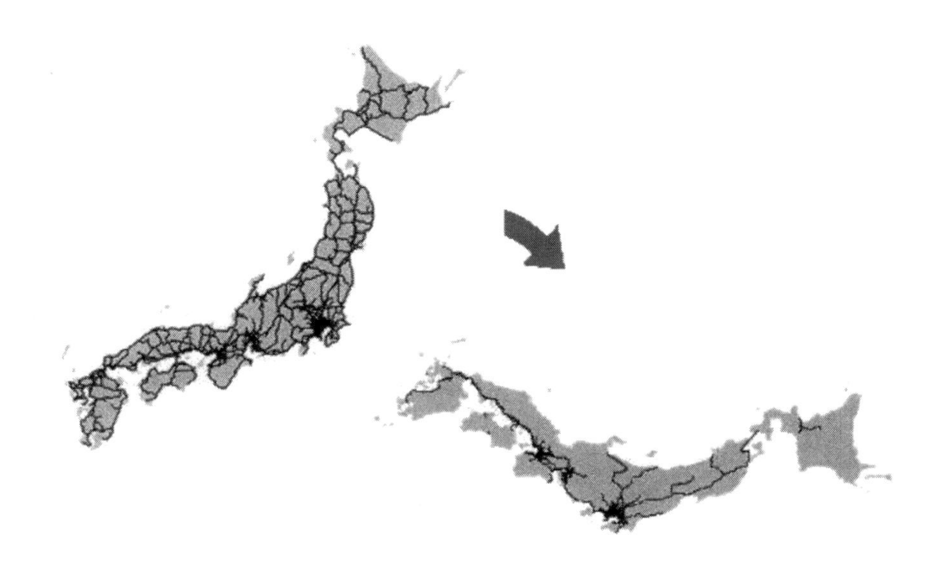

(4) 돌발사상형 【피크오일】 시나리오

상정

- 원유 공급이 2010년 전후로부터 연 2% 감소, 수요는 연 2% 증대하여 원유 급등과 공급량 부족이 현실화

배경

- 세계적 소비 감소, 또 수출 지역의 경제 침체에 의해 무역의 축소가 일어나 가공 무역국인 일본 산업은 큰 타격을 받는다.
- 에너지·수송비용이 높은 산업(특히 자동차 산업 500만 명 이상)의 쇠퇴한다.
- 대체 에너지·생에너지·IT(에너지를 별로 사용하지 않는) 산업에 활로(원자력 발전의 보다 한층 활용)
- 철저한 省자원사회화가 건물·도시형태·조명·냉장차·급탕·냉난방·TV 등에서 도모된다.
- 식료품 수입의 감소→자급율 40%(이하) 산업의 재건→인구의 지방 회귀→

지방철도정비

• 자동차 사회의 종언(終焉), 도시 형태의 변화 → 교외주택·상업의 감소 → 중심부 회귀 → 면적(面的)수송

철도로의 영향

• 자동차보다 석유 의존도가 낮은 철도 수송의 중요도가 상승한다. 수송 수요가 증대한다.

• 트럭 등에 의한 화물 수송이 감소하고 철도에 의한 화물 수송이 증가한다.

• 면적 수송 등 현대의 수요에 맞는 철도여객 수송이 요구된다.

• 동력의 수정이 요구된다.

• 유휴 설비가 철도를 위해 이용된다.

기술개발 항목의 아이디어

• 석유 의존도가 낮은 철도 : 저에너지로서의 고속화, 신선 건설, LCC(Life Cycle Cost)전반의 저비용화, 철도 차량·시설의 수명연장, 정비계획의 수정

• 철도화물 수송의 충실 : 화물 신칸센 이용, 화물 신선 건설, LRT 화물, 역 홈에서의 하역, 화물 터미널 집배, 피기백(piggy back) 수송

• 철도여객 수송의 충실 : 항공기의 대체로서의 고속철도, 퍼스널화, 초경편(超輕便) 철도, 결절점less, 플랫화, DMV, LRV 노선연장, 트램 트레인(seamless화)

• 새로운 동력 : 비전철화 구간의 전철화(간이 전철화), 풍력 발전, 연료전지

• 철도 제약의 저감 : 축중·구배·곡선문제 해결

(5) 돌발사상형 【캣피쉬】 시나리오

상정

• 대규모 지진의 발생

배경

• 도쿄(東京)만 북부를 진원으로 하는 M7.3의 슈토직하지진이 발생. 건물의 전괴 85만 동, 사망자 1만 1천 명(건물의 도괴에 의한 사망자 4천 명, 화재에 의한 사망자 6천 2백 명, 그 밖의 원인에 의한 사망자 1천 명)이며 지진 발생 당시 철도망이 끊겨 귀가가 곤란한 자 650만 명이다. 지진에 의한 직접 피해는 건물·가재 도구·사업소 자산 등의 피해 61.9조 엔, 수도·가스·통신시설 1.2조 엔, 교통시설 3.1조 엔, 기타 0.4조 엔으로 합계 약 67조 엔. 이것에 교통 단절 등에 의한 간접 피해 45조 엔을 더하면, 지진에 의한 경제 피해 합계는 112조 엔이 되었다[한신아와지(阪神淡路) 대지진 피해는 12조 엔]. 철도망의 본격적 회복에는 1년을 요하였다(2006년도 판 방재백서).

철도로의 영향

• 피해를 받은 한산 선구의 폐선, 본격적으로 필요한 노선의 신규 부설 → 철도 인프라 재구축. (인프라 재구축에 필요한 시간, 자금 면에서 도로에 대해 불리하기 때문에 자동차에 대해 철도는 복구가 늦다.)
• 사회기반 인프라를 장기간 사용할 수 없게 됨으로써 철도 수송의 중요성이 재인식된다.
• 내진기술이나 조기 지진 경보기술이 향상된다. 피재지의 재구축에 대한 정책이나 기술이 확립된다.

기술개발 항목의 아이디어

• 철도의 복구·재구축 : 부가 가치를 높이는 복구, 궤도나 구조물의 피해상황

을 조기에 파악하기 위한 지진재해 조사 무인 헬리콥터 혹은 비행 조사 로봇 등의 피해상황 검지 시스템, 자기 센싱, 도면 등의 철저관리

- 부흥지원 : 철도와 자동차의 협력, 레일을 마커로 한 유지관리 로봇, 다소 궤도 상태가 나빠도 달리는 DMV, 선로용지를 구급 등에 사용하는 차량
- 내진기술 : 대심도 지하철의 이용기술, 지진에도 탈선하지 않는 차량, 화재 예방기술 등의 개발

3. 미래 시나리오로부터의 제안(기술개발 과제의 검토 예)

(1) 안전에 관한 기술과제 검토

일본의 철도 운전 사고건수는 과거의 교훈을 살린 대책의 실시에 의해 1985년에 1,627건이었던 것이 2007년에는 793건으로 반감하고 있으나, 최근 몇 년의 연간 발생건수는 대략 850건 정도로 하락세가 멈추는 경향에 있다. 철도 운전 사고는 열차 사고(열차 충돌, 열차 탈선, 열차 화재)와 기타 사고(건널목 장해, 인신 상해 등)로 분류된다. 2007년도의 통계에 의하면 열차 사고의 발생건수가 14건이었던 것에 대해 기타 사고의 발생건수가 779건이었다.

열차 사고가 철도 운전사고에 차지하는 비율은 수 % 정도로 작으나 2000년에 발생한 히비야(日比谷) 열차 탈선 충돌 사고(사망자 5명, 부상자 64명)와 2005년에 발생된 후쿠지야마(福知山)선 탈선사고(사망자 107명, 부상자 562명) 등, 존귀한 인명을 잃는 중대한 사고가 최근 몇 년에도 발생하고 있다.

이와 같은 중대한 열차 사고 근절을 목표로 하여 현재 철도 시스템의 안전대책에 새로운 중대 사고를 유발하는 '허점'이 없는가를 파악하기 위해 먼저 과거의 중대 사고 발생요인을 하드웨어(시설·설비·기기), 소프트웨어(매뉴얼·rule·운용), 조직(시스템), 휴먼(교육훈련·안전으로의 의식이나 자세), 기타(자연재해·범죄·테러)로 분류함과 동시에, 각 요인에 대한 현시점의 대책 실시 상황을 정리할 필요가 있다. 또, 원인→열차의 이상→사고발생→인적 피해·2차 피해의 확대로도 진전할 사고의 시나리오 분석을 실시하여 각 사상의 발생의 예방과 회피, 피해경감, 확대 방지에 필요한 대책을 검토하고 이러한 검토결과에 의거하여 현재 철도 시스템의 안전대책 문제점을 명확히 한다. 더욱이 그 대책에 필요한 기술개발의 방향성을 제시하는 것이 필요하다. 예를 들면, 기존 기술인 속도제한 장치나 운전 상황 기록 장치 등의 설치 기준 강화를 도모하는 것과 동시에, 철도 차량의 탈선·일탈방지기술, 차체 구조의 강화나 철도용 에어백 설치에 의한 차내 승객을 충격으로부터 보호하는 기술, 보다 안전한 신호·열차제어기술, 소프트웨어·조직·인간에 잠재된 사고요인의 추출기술 등의 개발·보급을 도모함으로써 궁극적으로는 철도승객의 사망자 0의 실현을 목표로 해야 한다.

기타 사고로 분류되는 건널목 장해 사고와 인신 장해 사고는 철도운전사고 발생건수의 9할 이상을 차지하고 있다. 그 대부분은 철도 사업자 이외의 제3자에게 기인하는 것이며 사상자는 건널목 통행자나 역 이용자 등이다. 이러한 사고를 막기 위해서는 건널목부의 입체교차화나 홈 도어·홈책을 정비하여 차나 사람이 선로에 진입하는 것이 불가능한 환경을 만들 필요가 있다. 또, 입체교차화가 곤란한 건널목에서는 건널목 장치의 지능(Intelligent)화나 카 내비게이션(Car-Navigation)과의 제휴를 도모하여 과실에 의한 선로 진입을 미연에 막는 기술을 보급시키는 것이 불가피하다. 이러한 대책에 의해 철도 운전사고를 대폭으로 줄일 수 있다.

(2) 편리성 향상에 관한 기술과제의 검토

○ 철도여객 수송의 고품위화

〈재래선의 200km/h화, 선형개량〉

재래선 차량의 고속화를 차량 측면에서의 대응 방법에서 생각해 보면 최고속도 향상·가감속성능 향상, 곡선통과속도 향상의 3가지 방법이 주된 기술개발 항목이 된다. 최고속도 향상을 위해서는 보안의 관점에서, 보다 고성능인 브레이크 시스템 개발이 필수이다. 동시에 증가된 제동력에 의한 감속 방향의 가속도가 승객에게 부하되기 때문에 앞뒤 방향에 발생하는 가속도를 상쇄하는 기술개발이 요구될 것으로 생각된다. 앞뒤 방향 승차감 확보를 위한 차체 피팅 제어 등의 수법이 고려된다. 이와 같은 기술은 가감속 성능을 향상시킨 차량의 승차감 확보에도 대응가능하다. 가감속 성능 향상을 위해서는 대출력·고효율 전동기의 개발과 더불어 주행 저항 저감책이 필요하게 된다. 곡선통과속도 향상에는 대차의 곡선통과 시의 발생 횡압 저감책, 좌우방향 정상 가속도 억제가 필요하게 된다. 자기 조타 특성을 가진 대차 및 진자(振子)차량 등의 기술로서 대응할 수 있을 것으로 생각한다. 혹은 어느 정도의 설비 투자가 바람직한 상황이라면 궤도의 선형 개량 등의 수법이 고려된다.

〈흔들리지 않는 철도의 개발〉

신칸센 차량에서 실용화되어 있는 액티브 서스펜션(Active Suspension), 세미액티브 서스펜션(Semi-Active Suspension) 등의 이용에 추가하여 양자의 특장점을 융합시킨 하이브리드 액츄에이터 기술개발이 고려된다. 공력 외란(空力外乱)과 같은 차체로의 큰 직달력(直達力)에 대해서는 대발생력을 기대할 수 있다면 안정성이 높은 세미액티브 서스펜션을 사용하고 고주파의 능동적인 제동력이 필요한 경우에는 액티브 서스펜션을 이용한다. 또 종래까지는 좌우방향의 승차감 확보에 주안을 두어 개발이 진행되어 왔으나, 향후에는 공기 스프링이나 축 스프링·축 댐퍼에 관한 상하방향 제진 기술에 대해서도 주목받게 될 가능성이 있다. 다만 앞 항목과 마찬가지로 큰 설비 투자를 허용한다면 궤도 개선이 가장 효과가 높은 수법으로 생각된다.

〈단거리 여객 수송의 표정속도 향상과 에너지 회수〉

짧은 역간의 사이에서 차량을 소정의 속도에 도달시키기 위한 고가감속이 필요하게 된다. 따라서 차량 운행에 맞추어 필요로 되는 에너지가 증가할 것이 예상된다. 이 때문에 감속 시의 운동에너지를 보다 효율적으로 일시 보존하여 재가속 시의 에너지로 재이용하는 방법이 필요하게 된다. 하이브리드 자동차 등에서 사용되는 수명이 길고 급속 충방전이 가능한 축전지나 스파커 팬토그래프(Sparker Pantograph)를 더욱 대용량화하여 현재 상태의 회생 브레이크 이상의 고효율로서 에너지를 회수하는 기술개발이 주목된다.

〈혼잡 less(릴렉세이션, Relaxation) 통근전차〉

저출산에 기인한 도시권 통근 수요 저하에 따른 러시아워의 완화에 의해서 철도로서의 영업효율은 저하하지만, 보다 부가가치를 높인 통근 차량을 개발하여 영업 수입을 확보하는 방책이 고려된다. 최대 승차 인원은 저하하지만 차

내 편의시설 개량과 부가되는 서비스로 현재의 특급형 차량을 이용한 정기 열차와 같은 형태를 추진하여 좌석의 보증이나 충실한 차내 환경을 제공한다. 더욱이 한정된 차내 공간을 어떻게 유효 활용하여 쾌적한 공간을 창조할 것인지 수요의 파악과 관련 요소기술을 개발한다.

〈종합적인 승차감 평가 수법의 제안〉

종래 정량적인 승차감에 관한 평가 지표로서 이용되어 온 승차감 레벨, 승차감 계수와 같은 차량의 물리적인 파라미터에 기초를 둔 승차감 평가에 추가하여 인간의 감각적인 기준을 정량적인 지표로서 표현하는 방법을 개발한다. 차내의 쾌적성 전반을 보다 광의의 승차감으로서 파악하고 인간 공학적인 관점으로부터의 평가 수법을 검토한다. 이와 같은 평가 수법의 확립에 의해 차내 편의시설(accommodation) 및 진동 승차감이 종합적이고도 객관적으로 판단되어 차량 설계의 새로운 지표로서 응용 가능하게 된다.

○ 대도시·지방 도시에서의 LRT 정비

〈LRT Seamless 운전(지하, 지상, 고가)·트램 트레인(Seamless화)〉

도시 내의 이동에서는 환승이 필요한 상황에서는 환승의 간편성, 가능하면 환승 없이 목적지까지 가는 것이 바람직하다. LRT의 운용으로서 망눈 모양으로 각 지역을 순회하고 임의 터미널에서 여러 대의 LRT를 병렬 연결시켜 도시 간을 고속으로 주행하는 모드로 되는 것과 같은 형식의 차량이 요망된다. 도시 간 이동 후 다시 한 번 작은 단위의 LRT로 분할하여 도시 내의 승객에게 세심한 서비스를 제공한다. 따라서 LRT 방식의 대차로서 도시 간 수송을 담당할 정도의 주행속도를 실현할 수 있는 기술개발이 필요하게 된다. 혹은 LRT로서의 운용에 견디는 R100 이하의 급곡선을 문제없이 주행할 수 있는 형식의 대차이고 또 각 터미널에서의 승강성이 높은 차량이 요구된다.

○ 유비쿼터스, 고도정보화의 진전, 로봇 기술의 발전

〈보수/수선 지원 로봇〉

〈컴퓨터나 센서 네트워크에 의한 진단 판단 기술의 고도화〉

〈고도 철도시설의 유지관리 로봇〉

〈저비용 유지관리〉

현시점의 철도 운영에서 가장 비용을 필요로 하는 유지관리가 궤도 보수관계라고 생각된다. 현 단계에서도 궤도 검측차나 궤도 정정용 멀티플 타이탬퍼 등이 실용화되고 있으나 더한층 생력화를 추진하는 방책으로 영업차에서의 궤도상태 계측이 고려된다. 통상적으로 운영되고 있는 차량에 요 레이트 센서(yaw rate sensor), 가속도계 등의 내계(內界) 센서를 탑재하여 처리장치에서 추정된 궤도 상태를 데이터 베이스에 축적하여 궤도의 열화를 자동적으로 판단한다. 또는 차량의 승차감을 평가하여 궤도 유지관리의 필요성을 종합적으로 판단하도록 하는 방책이 고려된다. 개발을 위한 초기적 투자는 필요하지만 향후 노동자 인구 저하에 따른 노동 단가의 상승에 대비하여 더욱 수요가 높아질 가능성이 있다. 한편 그와 같이 정확도가 높은 궤도 정보 데이터베이스를 차량에서 이용할 수 있는 상황이 되면 다양한 제어기술을 사용한 승차감 개선이나 곡선 횡압 저감을 위한 조타 대차 등의 차량 측에 있어서의 승차감 향상 등으로의 응용을 기대할 수 있다.

차량의 정기 검사와 같은 공장 내에서 실시하는 유지관리의 자동화, 생력화를 향한 로봇 기술 도입 대처는 지금까지도 검토가 계속되고 있다. 다만 취급하는 차량의 종별이나 형식이 복잡하기 때문에 일반적인 공장의 생산 라인과 같은 자동화는 생각만큼 진전되고 있지 않은 상황으로 생각된다. 향후는 새로 제작하는 차량의 설계 시부터 유지관리의 자동화·생력화를 더욱 중요시하는 수법이 요구된다. 또는 점검에 필요한 노동 부하를 경감하기 위해 차량 내에 설치된 센서계로서 차량 각 기기류의 열화상태를 장악하여 차량의 자기 진단에 의거하여 요구되는 유지관리를 실시하는 기술이 더욱 발전할 가능성이 있다. 보다 적은 수의 센서 정보로부터 정확도가 높은 궤도 상태 추정을 달성하기 위해 뉴럴 네트워크(Neural Network)나 로보스트 옵저버(Robust Observer)와 같은 기술의 응용이 유효할 것으로 생각된다.

(3) 도시 내 철도에 관한 기술과제의 검토

○ 도시 내 철도를 둘러싼 사회 환경

지금까지 기술한 바와 같이 2030년의 철도를 둘러싼 사회환경으로 저출산·고령화 문제, 그리고 지구온난화 문제는 피할 수 없는 사상이다. 이러한 것을 포함한 사상이 도시 내 철도에 미치는 영향에 대해서 정리한 것을 표 1에 나타낸다.

표 1 인구문제 및 지구온난화 문제가 2030년의 도시 내 철도에 미치는 영향

2030년의 사회환경	도시 내 철도에 미치는 영향	
	장점	단점
인구의 감소	• 철도 이용자가 적절히 감소함으로써 도시 내 철도의 혼잡완화가 도모된다. • 도시 일극 집중화가 진행될 경우 도시 내 철도 운영에 집중투자할 수 있다.	• 철도 이용자가 줄어 운수 수입이 준다. • 철도의 특장점인 대량 수송의 필연성이 없어진다. • 철도에 관계하는 노동 인구가 줄어 철도의 유지·관리가 곤란해진다.
인구의 고령화	• 스스로 운전할 필요가 없으므로 이동 수단으로서 철도를 선택한다. • 통근 수단이 주된 역할이었던 도시 내 철도에 여가를 보내기 위한 교통수단으로서의 새로운 요구가 생긴다.	• 철도설비의 배리어 프리화가 더욱더 필요로 된다. • 철도는 선(線)의 이동 수단이 주였으나, 출발 지점으로부터 목적지점까지라는 점(点)으로부터 점(点)으로의 이동 보증이 중요시된다. • 철도에 관계하는 노동자의 고령화가 진행하여 철도의 유지·관리가 곤란해진다. • 기술 계승자가 없어지게 된다.
이용자의 다양화		• 공공 교통이기 때문에 개인의 요구에 대응하는 것이 곤란하다. • 프라이빗 공간의 확보, 이용 시간의 자유도가 필요해진다.
지구온난화	• CO_2 배출량이 적은 교통수단으로서 선택된다. • 화물 수송(택배, 쓰레기 수집 등)으로서 철도를 이용하는 분위기가 고조된다.	• 새로운 환경으로의 배려, 에너지 효율의 개선이 요구된다.

○ 도시 내 철도로의 요구사항

표 1에 보인 사회 환경이 도시 내 철도에 미치는 영향을 고려하고 나아가 현 시점의 도시 내 철도에게 부족한 기능을 바탕으로 하여 2030년의 도시 내 철도에 요구되는 기능을 파악해 본다.

첫째 보수를 필요로 하지 않는 혹은 보수가 용이한 철도 시스템이 요구된다. 국내 철도 사업자와 같이 지상 측 인프라와 차량을 포함한 시스템 전체를 보수하고 있는 교통기관은 적다. 예를 들면, 도로 교통을 보면 지상 측 인프라(도로)의 보수는 국가 혹은 지자체 등의 도로 관리자가 하고 있으나 주행하는 자동차의 보수는 소유자가 책임을 지고 있다. 2030년의 인구 감소에 의한 노동력의 저하, 기술 계승의 희박화를 고려하면 철도 시스템의 보수기능으로의 요

구는 향후 점점 더 높아질 것으로 예상된다.

둘째 도시 내 철도의 혼잡완화이다. 인구 감소에 따라 차내 및 역에 있어서 지금보다 혼잡이 완화될 것으로 예상은 되지만 한층 더 혼잡완화가 기대된다. 또 가치관의 다양화에 따라 공공 교통기관에 있어서도 착석률 향상에 머물지 않고 프라이빗 공간의 확보나 승차 중의 릴렉세이션 효과가 요구될 것으로 생각된다. 이는 철도의 쾌적성에 관한 과제이지만 타 교통기관과의 경쟁을 이겨내기 위해서는 중요한 상황으로 고려된다.

셋째 시간적인 제약의 철폐이다. 현시점의 도시 내 철도에서는 운전 본수를 증가함으로써 시간적인 제약이 경감되고 있으나 자가용과 비교하면 이용자에게 출발 시간을 의식하여 이용해 달라는 것으로 생각된다. 이는 다이야가 존재함에 의한 폐해이며 출발 시에 철도보다도 자가용을 선택하는 하나의 원인이 되고 있는 것으로 생각된다. 또 보수 문제에 관계되는 것이기도 하지만 언제라도 철도를 이용해 달라고 하기 위해서는 24시간 운전, 그것에 수반한 자동운전화도 시야에 둘 필요성이 생겨나고 있다고 생각된다.

넷째 출발 지점으로부터 최종 도착 지점까지의 보증이다. 지금까지 철도는 선(線)을 대상으로 한 정시 이동을 특장점으로 하여 왔으나 승차하기까지와 하차한 후의 보증은 하고 있지 않다. 이것도 또한 자가용을 선택하는 요인의 하나로 되고 있다고 생각한다. 어디에서라도 승차할 수 있고 어디에서라도 하차할 수 있는 철도 시스템을 목표로 함과 동시에 타 교통기관과의 제휴를 높임으로써 점(点)으로부터 점(点)으로의 정시 이동의 역할을 완수할 필요가 있다. 또 이용할 때에 루트 조사를 필요로 하지 않는, 루트를 의식받지 않는 철도 시스템의 구축이 요구된다.

(4) 정보기술의 발전에 수반한 기술과제의 검토

○ IT의 발전과 사람이동(Person Trip)

인터넷을 비롯한 정보기술(Information Technology : IT)은 계속하여 발전하고 있다. 이와 같은 IT의 발전에 따라 지금까지 대면으로 시행되고 있었던

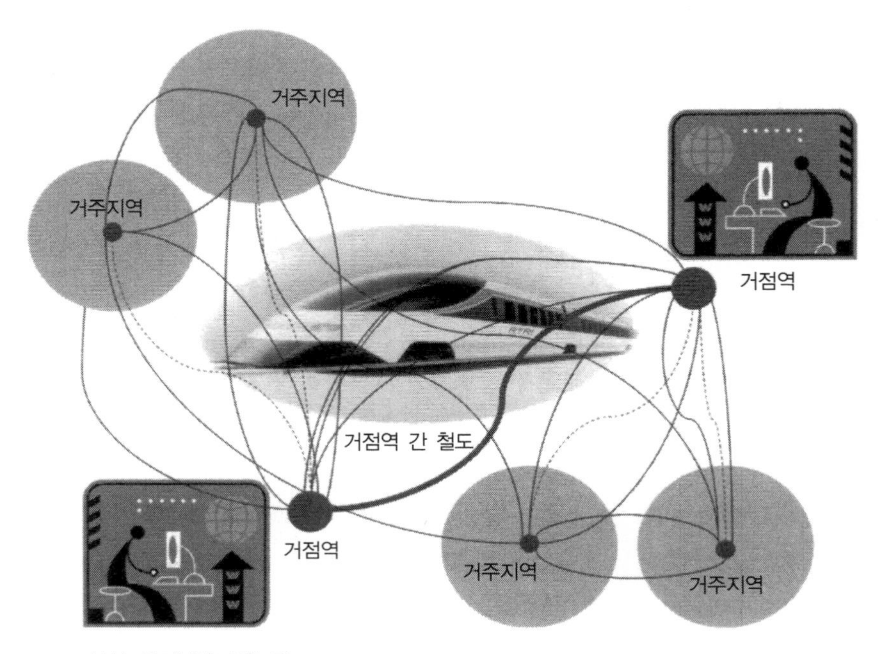

그림 1 IT의 발전에 수반한 2030년의 철도상

정보교환의 대부분이 전자 메일이나 전자회의로 치환되고 있는 중이다. 이로 인해 정보교환을 목적으로 하는 사람의 이동 필요성이 저하할 것이 예상된다.

운수는 이동대상에 의하여 사람이동(Person Trip)과 물건이동(물자 유동)으로 나누어진다. 여기에서는 IT의 발전이 사람이동에 미치는 영향에 대해서 검토한다.

이동 목적에 관해서 생각하면 사람이동은 통근, 통학, 쇼핑, 사교, 오락, 식사, 통원, 배우는 일, 업무 등으로 나누어진다. 이 중, 통근, 통학, 쇼핑의 일부, 통원, 업무는 생활상 필요한 사람이동이라 할 수 있다. 이것에 대해 사교, 오락, 배우는 일 등은 기호성이 높은 사람이동이라 할 수 있다.

전자 메일이나 인터넷 회의는 정보교환의 쌍방향성이라는 관점에서 편지나

전화, 혹은 대면에 의한 의논이나 회의, 협의, 담화 등과 공통의 정보교환 수단이라 할 수 있다. 이 중 대면에 의한 회의, 협의, 담화 등은 사람이동을 필요로 한다. 반면에 편지나 전화는 공간을 멀리한 사람들의 정보교환 매체로서 발전하여 온 것으로 대면에 의하지 않는다(사람이동을 필요로 하지 않는다). 사람이동을 필요로 하지 않는 정보교환 수단이 발전하면 사람이동은 감소한다. 따라서 편지나 전화의 발명이 사람이동의 감소에 공헌하였던 것은 틀림없다.

IT 발전에 따라 업무나 교육에 관해 현재 필요한 사람이동의 필요성은 감소할 것으로 예측할 수 있다. 그러나 한편으로는 대면에 의한 비공식적인 사교나 기호를 만족하기 위한 사람이동의 욕구는 증가할 것으로 예측할 수 있다. 즉, 사람이동은 '필요에 의한 trip(must trip)'으로부터 '욕구, 원망에 의한 trip(wish trip)'으로 전환할 것을 예측할 수 있다.

이와 같은 전환에 따라 통근이나 통학 등의 매일의 must trip이 감소하므로 사람이동의 빈도는 저하할 것으로 예측할 수 있다. 반면 인터넷 등에 의해 공간적 제약을 뛰어 넘은 사람의 만남이 증가하고 또 must trip으로부터 해방된 사람들이 거주 공간으로서 쾌적한 지역에 사는 것을 예측할 수 있기 때문에 사람이동의 거리는 증가할 것으로 예측할 수 있다. 더욱이 IT에 의한 정보의 전달량의 증가는 face to face의 대면의 수요도 증대시켜 wish trip도 증대할 것으로 예상할 수 있다.

IT의 발전에 수반한 가까운 장래의 사람이동의 동향은 이하와 같이 예상할 수 있다.

(1) must trip으로부터 wish trip으로의 전환
(2) 사람이동의 빈도저하
(3) 사람이동의 거리 증가
(4) 지역의 충실, 활성화

○IT의 발전과 철도

IT의 발전에 의한 must trip으로부터 wish trip으로의 전환에 대응한 장래의 철도의 본연의 모습(그림 1=P.113 참조)에 대하여, (a) 거주지역 간, 거주지역·거점역 간 교통, (b) 거점역 간 교통, (c) 거점역의 3점으로 나누어 이하에 고찰한다.

(a) 거주지역 간, 거주지역·거점역 간 교통

통근, 통학의 must trip으로부터의 해방에 의해 살고 싶은 지역에 살며 일상의 대면에 의한 사교는 인근 지역 내에서 시행되게 된다. 이 때문에 거주지역 간 및 거주지역·거점역 간의 사람이동의 감소가 예측된다. 따라서 이러한 교통으로서는 재래 철도가 아니라 자가용이나 버스 등이 적합할 지도 모른다.

(b) 거점역 간 교통

통근, 통학, 출장의 must trip은 감소가 예상되지만 업무나 학업 또는 오락적 사교에 있어서도 비공식적인 교류를 위한 사람이동은 존속할 것으로 예상된다. 게다가 IT에 의한 일상적인 교류는 공간적 제약을 받지 않기 때문에 이것에 의해 발생하는 wish trip은 장거리가 될 가능성이 높다. 또 일상에서는 IT에 의해 시간적, 공간적 제약에 얽매이지 않는 것이 많아지기 때문에 이동자의 이러한 제약에 대한 내성이 부족해질 것이 예상된다.

따라서 장거리의 거점역 간의 사람이동에는 고속, 개인공간, 쾌적성, IT 환경의 충실이 요구된다.

(c) 거점역

대면에서의 비공식적인 교류의 장으로서 거점역에 기대되는 기능이 증대할 것이 예상된다.

IT를 이용한 재택근무의 이용이 진행될 것을 고려하면 현재의 사회나 오피스라고 하는 공간은 감소할 것으로 예측되기 때문에 업무에 관한 비공식적인 교류의 장으로서 거점역이나 인근 숙박시설을 갖춘 인스턴트한 렌탈·오피스나 미팅룸 등의 수요가 높아질 것으로 예상된다. 또 업무 이외의 사교적 교류의 장으로서의 대면적인 만남 공간이 요구될 가능성이 있다. 안전한 대면 교류를 가능하게 하는 장이 거점역이나 인근지역에 요구된다. 당연히 IT 환경의 충실, 또 거주 공간으로부터의 철도 이외의 교통에 의한 사람이동을 받아들임으로써 거대 주차장 등 설비의 충실도 필요로 될 것이다.

(5) 철도에 의한 물류에 관한 기술과제의 검토

철도와 다른 수송기관과의 물류에 관한 우열 비교를 표 2에 나타낸다. 철도의 우위성은 수송량·환경부하·정시성이다. 철도에 부족한 것은 빈도 및 자유도이다.

빈도·자유도 및 현재 일본의 운수체계를 고려하면 철도 단체(単体)에서의 수송이 유효한 영역은 석유 제품이나 광석 등의 수송과 같은 동일품 대량 수송에 한정되어 왔다. 그래서 향후 화물 수송에 있어서는 최대의 자유도를 가진 자동차 수송과의 긴밀한 제휴가 중요하게 될 것으로 생각된다. 고객으로의 최종 구간은 자동차 수송에 맡기는 것으로 하고 그 이외 구간에서 여하히 철도 이용을 촉진할 것인가라는 관점으로부터의 검토가 필요할 것으로 생각된다. 여기에서는 그 전제 아래에서 다음의 3가지 점을 검토 항목으로 한다.

(a) 다빈도(다자유도)·소량 수송 → 빈도·자유도의 향상
(b) Seamless한 수송 → 자유도의 향상
(c) 신칸센 화물 수송 → 속달성의 향상

표 2 타 수송기관과의 우열비교

수송기관	수송량	환경부하	빈도	자유도	속도	정시성
항공	×	×	×	×	◎	◎
선박	◎	◎	×	×	×	○
자동차	○	×	◎	◎	△	×
철도	◎	◎	×	×	○	◎

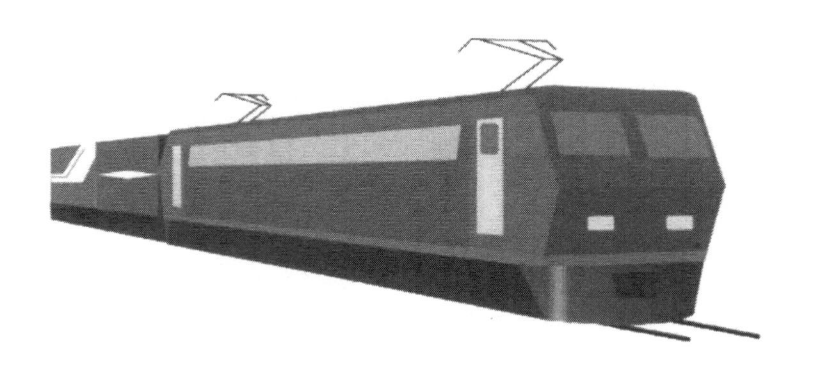

(a) **다빈도(다자유도)·소량 수송**

현재의 화물 열차는 전용 열차를 미리 마련하여 대량으로 단번에 운반하는 방법을 취한다. 다빈도(다자유도)의 수송을 위해서는 소량의 열차를 다빈도로서 운행 가능하게 하는 것이 필요하다.

해결책으로서는 신형 혼합 화물 열차(빨판 상어형 열차)와 같은 것이 있다.

다여객 노선에서도 여객 열차에 극소수의 화물차를 병결(倂結)함으로써 여객 열차와 동등 운행 빈도를 확보할 수 있다(화물차가 빨판 상어와 같이 여객 열차에 달라 붙은 이미지). 또 병결(倂結)·해결(解結)을 자동화할 수 있으면 인원의 증가없이 운용이 가능해진다. 게다가 운행 관리시스템을 구축하여 목적지로 향하는 주 여객 열차를 스스로 선택하여 결합하거나 떨어지거나를 반복하여 목적지로 이동하도록 함으로써 철도를 일종의 자동 벨트컨베이어로 이용하는 것을 가능하게 한다.

현 시점에서의 기술개발 항목으로서는 소프트 연결 차량의 신호 제어, 자동 병·해결(倂·解結)시스템, 인텔리전트한 운행관리 등을 들 수 있다.

(b) Seamless한 수송

화물은 사람과 달리 스스로 환승을 하지는 못한다. 그 때문에 바꾸어 싣는 수고를 줄이는 것들이 자유도의 향상에 연결된다. 구체적으로는

a) 인텔리전트형 피기백(Piggyback) 차
b) DMV(Dual Mode Vehicle)형 화물차량

이 고려된다.

인텔리전트형 피기백차는 간단한 방법으로서 화물 자동차의 승강을 하도록 연구한 화차를 가리키며 다른 차량(화물 열차·여객 열차)과의 자동 해결(解結) 기능을 가진다. 이 차량을 빨판 상어형 열차로서 운행함으로써 여객이 전철을 선택하여 승차하는 것처럼 화물 자동차의 운전자가 임의 열차를 선택하여 운반하는 것이 가능해진다.

한편 여객 열차의 빈도가 별로 많지 않은 노선에서는 화물 자동차 자체가 궤도 위를 주행하는 DMV형(도로·궤도 주행 가능차량) 화물 자동차로 하는 방법도 생각할 수 있다. 여기에서 궤도를 달리는 장점은 도로와 비교하여 안전성이 높고 정시성을 확보할 수 있는 것과 복수 차량을 연결하여 주행하는 것이 가능한 점 등이다.

현 시점에서의 기술개발 항목으로서는 자립형 운행이 가능한 차량의 개발, 화물 대상 DMV 개발 등을 들 수 있다.

(c) 신칸센 화물 수송

신칸센을 이용하는 최대의 효과는 대형 차량의 운반이 가능해지는 점이다. 부차적으로 고속으로의 수송도 가능해지며 수송력도 많아진다. 직접적인 철도

화물의 우위점을 향상시키는 방책은 아니지만 보다 철도 화물 수송의 매력을 증가시키는 것이 가능하게 된다.

또 신칸센 화물 수송에서도 빨판 상어형 화물 열차의 사고방식 등을 도입하면 여객 수송을 유지한 채로 유연한 운용을 실현할 가능성이 숨겨져 있는 것으로 생각된다.

현 시점에서의 기술개발 항목으로서는 대형 차량 적재 가능한 신칸센 화물 차량의 개발 등을 들 수 있다.

(6) 철도의 지능화에 관한 기술개발

종래의 철도 시스템에서는 안전·안정·정확한 수송을 실현하기 위해 매일 결정된 다이야에 따라 결정된 선로 위를 결정된 차량이 운행되고 있다. 또한 안전성을 담보하기 위해 높은 신뢰성을 추구한 신호 시스템이나 방재 시스템에 추가하여 이중 삼중의 안전대책이 시행되고 있는 것이 보통이다. 이것은 고속 도시 간 수송을 담당하는 철도에서도, 대도시 수송을 담당하는 철도에서도, 또 지방 국지노선 철도라도 기본적으로는 차가 없다. 그 때문에 시스템 전체가 아무래도 복잡해지기 쉽고, 또 대규모 지상설비가 필요로 되는 경우도 많다. 그 결과, 여객의 다양한 needs를 만족하는 열차 운행이나 유연한 시스템 변경이 용이하게 할 수 없는 것도 많아 지방 국지선에서는 지상 설비의 유지관리에 드는 비용이 서비스 존속을 위한 중대한 과제로 되는 경우도 있다.

이러한 과제로의 대책으로서, 철도 시스템을 최신의 센서 기술이나 컴퓨터 기술을 응용하여 철도 차량을 고도로 지능화함으로써 진로의 안전성, 상태를 열차 스스로가 확인, 판단하여 운행하는 것과 같은 전혀 새로운 시스템으로 진화시키는 것이 고려된다.

여기에서는 현행 철도 시스템과 동등 이상의 안전성을 확보하면서 현행의 신호 보안에 관한 지상설비를 대폭으로 간소화하는 것도 시야에 넣을 필요가 있다. 고지능화된 차량은 운전사·승무원의 컨디션이나 의식 레벨의 사소한 변화를 배려하여 차량이 자발적으로 지원을 함과 동시에 선로의 상태나 방재에 관한 정보를 스스로 판단하여 자율적인 운행을 함으로써 안전성 향상에도 한층 기여할 수 있을 가능성이 있다.

게다가 자율적인 운행 시스템의 실현에 의해 시스템 구성을 유연하게 변경할 수 있게 되고, 예를 들면 복잡한 노선 네트워크에 있어서의 유연한 열차의 운행이나, 지방 교통선에 있어서의 효율적인 수송이라는 철도 이용자·철도 사업자에 대한 편리성이나 경제성 등의 면으로부터 요청된 다양한 needs에도 대응할 수 있게 될지 모른다.

유지관리 면에서는 고지능화된 차량이 통상 주행 중에 스스로의 상태나 고장의 유무를 자각, 감시하는 것에 추가하여 선로나 구조물 등의 인프라 설비에 대해서도 자동적으로 열화나 불편함의 징조를 찾아내고 경우에 따라서는 보수까지 하게 될지도 모른다.

영국 태생의 어린이 그림책, 텔레비전 인형극에 '기관차 토마스'라는 유명한 시리즈가 있다. 이것에 등장하는 기관차나 차량들은 앞면에 표정이 풍부한 얼굴을 가지고 마치 인간과 동일하게 스스로 느끼고 스스로 생각하면서 하루하루의 수송을 담당하고 있으나, 때로 기관차가 제멋대로 굴거나 잘못된 판단과 실패로 인해 고장나거나 사고를 일으키기도 한다. 한편, 향후 등장할 수 있는 인텔리전트 트레인에서는 고장이나 사고의 염려는 필요 없다. 차량 스스로가 자연재해 발생이나 이상 기상을 알아차리고 스스로 생각함으로써 고장이나 사고를 회피하는 것이 가능함과 동시에, 여객의 다양한 needs에 따라서 유연하고도 경제적으로 '슬기롭게' 달리도록 된다. 2030년의 철도에서는 그와 같은 인텔리전트 트레인이 매우 당연하듯이 달리고 있을지도 모른다.

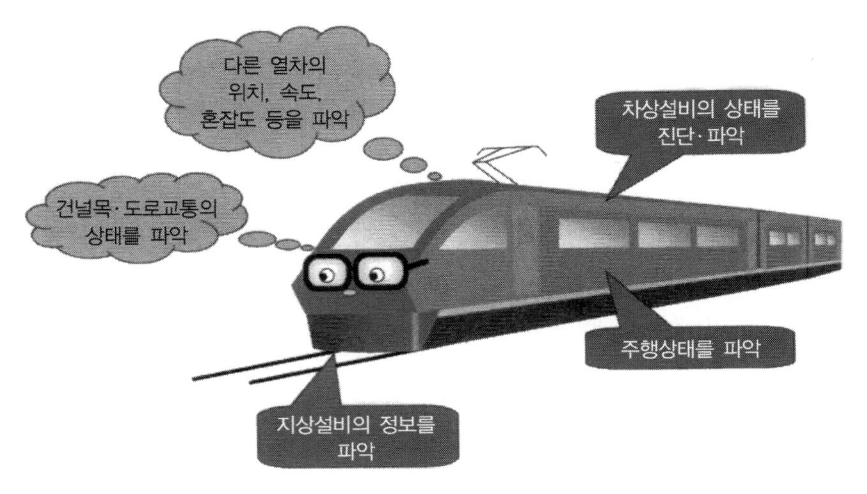

그림 1 인텔리전트 트레인

참고문헌

1) 総務省 : 情報通信白書, ぎょうせい, 2002.
2) 京阪神都市圏交通計画協議会 : 人の動きからみる京阪神都市圏のいま-第4回パーソントリップ調査から, 2000.
3) Mehrabian, A. : Communication without word, Psychology Today, 2, 1968.
4) 宮里勉·岸野文郎· : 臨場感通信会議における参加者の対面状況の保持特性の評価, 電子情報通信学会論文誌, 79, 1996.
5) Shes.net : 『ネットショッピング』に関するアンケート, http://www.shes.net/enquete/2006/12/191006.html, 2006.
6) 経済産業省商務情報政策局情報處理振興科(編) : eラーニング白書 2005/2006年版オーム社, 2005.
7) 株式会社矢野経済研究所 : 教育産業白書2002年版, 2002.

C·A·H·P·T·E·R **06**

향후의 전망

C·H·A·P·T·E·R
06

향후의 전망

1. 각각의 시나리오에 있어서의 철도 본연의 자세

시나리오·플래닝의 수법에 의해 철도성장형, 철도정체형 등의 시나리오를 도출하였으나 각각의 확실성을 상상하는 것은 그다지 간단하지는 않다. 또 국가 전체로서 하나의 시나리오를 선정하는 것이 아니라 국가나 지방에 따라서 선택 사항이 다른 경우도 고려된다.

토야마(富山) 시의 라이트 레일 사업은 지방 도시 재생의 모델케이스가 될 수 있는 것이며, 단순한 도시 내 철도 정비뿐만 아니라 라이트 레일 연선으로의 인구 회귀를 고려한 도시의 재창조이다. 일본의 지방도시에 있어서의 교통 문제는 단순한 버스나 철도의 문제뿐만 아니라 인구 감소로 향하는 중에서의 도시의 성립, 본연의 자세를 묻는 것이다.

신칸센을 비롯한 간선 철도가 유지되어 호크아이 시나리오로서 지역의 이동성(mobility)이 확보된 지방이 공존하는 경우와 지방의 대도시만이 활력을 계속 유지하고 펠리컨 시나리오로서 이동성(mobility)을 잃은 지역이나 지방이 주변을 형성하는 경우들이 혼재할 수도 있을 것으로 생각된다.

각 시나리오에 있어서의 철도의 본연의 자세에 대해서 이하에 기술한다.

(1) 철도성장형 【호크아이】 시나리오

안전 확보를 전제로 목적지까지의 이동 과정에 있어서의 물리적, 정신적인 배리어를 배제하고 정시성, 속달성, 쾌적성을 더욱 향상시켜 이용자가 이동수단으로서 선택하고 싶어지는 사용하기 쉬운 고품위 철도를 목표로 한 기술개발을 계속한다.

키워드로서는 배리어 프리(barrier free)화에 관한 것으로서 티켓리스(ticketless), 개찰리스(개찰less), 환승리스(환승less), 역까지의 접근 지원, 결절점 플랫화 등이며, 고품위에 관한 것으로서 고속화, 승차감 향상, 전원 착석 등을 들 수 있다.

(2) 철도정체형 【펠리컨】 시나리오

인구가 집중하는 도시 내에서는 고수송 밀도에 대응한 편리성이 높은 철도를 필요로 하게 되며, 한편 과소화가 진행하는 지방에서는 지역사회에 필요로 되며 저비용으로 운영할 수 있는 철도를 목표로 한 기술개발을 한다.

키워드로서는 저유지관리 또는 노(no)유지관리, 저비용 시스템, 수명평가기술, 철도시설 철거기술 등을 들 수 있다.

(3) 돌발사상형 【피크오일】 시나리오

현재보다도 상당히 적은 에너지 소비량으로 현재의 생활수준 또는 편리성을 유지한 상태에서 생에너지이고도 저비용인 철도 중심의 수송 시스템(교통체계)을 목표로 한 기술개발을 한다.

이미지로서는 에너지는 천연가스와 전력(석유 이외의 에너지에 의한 발전)에 의존하는 사회로 이행하고 여객도 물류도 교통은 공공 교통만으로 되는 철도 중심사회이다. 천연가스 이용, 배터리, 축전, 충전 기술 등의 개발이 필요하게 된다. 트럭에 대체하는 대용량 물류 시스템도 필요하게 된다.

(4) 돌발사상형 【캣피쉬】 시나리오

돌발적인 사상이기 때문에 사회 상황의 변화에 영향을 미칠 것인지 어떤지는 예상하기 어려운 문제이다. 다만 현재의 지진 보험의 적용이 복구의 경우에만 적용되는 등의 문제를 사전에 해결할 수 있으면, 대지진을 기회로 하여 도시의 재개발을 도모하는 것도 가능하고 그때 도시 내 이동성(mobility)의 확보를 목적으로 한 교통 시스템의 구축이 바람직하다.

캣피쉬 대응의 기술개발로서는 도면 정비나 소방용 및 의료용 차량의 준비 등의 부흥 지원기술, 지진재해 조사 무인 헬리콥터 또는 비행 조사 로봇 등의 피해상황 검지 시스템, 화재 예방기술, 자기 센싱 등이 고려된다.

2. 변화로의 기대

IPCC의 제4차 보고서가 2007년 2월에 합의되었으나 일본에서의 반향은 크지는 않았다. 엘 고어의 『불편한 진실』에서는 '한 사람 한 사람의 행동'과 '행정으로의 작용'이 중대사로 되어 있다. (유감스럽지만 일본어판에서는 보다 중요한 후반 부분이 표현되지 않아 '한 사람 한 사람의 걱정은 나름대로 중요하였으나 사회 전체의 변혁이 없으면 효과는 대부분 없다'고 되어 있다.)

지속가능한 사회의 실현으로 향하여 공공 교통기관의 이용에 관한 국민적 합의 형성이 필요하다. 그와 같은 정책의 전기(轉機)가 자발적인 시민 의사의 발동이라면 가장 바람직하지만 유럽과 같은 열파(熱波)나 호우, 미국의 카트리나급의 허리케인과 같은 자연재해, 제2교토(京都) 의정서라는 정책면, 최악의 경우는 피크오일의 도래라는 터닝 포인트에 의하는 것이 현실적일지도 모른다.

가까운 장래, 2030년까지 언젠가의 시점에서 이러한 변화가 발생하여 호크아이 시나리오(피크오일은 그 첨예한 것으로서 연장선상에 있는 것으로 볼 수 있다)로도 전환해나갈 가능성은 높을 것으로 생각한다. 또, 그와 같이 사회를 변화시켜나가는 것이나 그러한 움직임을 강력히 지원해나갈 필요도 있다.

호크아이 시나리오에서는 공공 교통 이용의 합의 형성에 의한 철도의 르네상스가 기대되고 있으나, 공공 교통으로의 지원에 찬성하는 납세자가 없다면 성립하지 못한다. 공공 교통을 이용할 필요성은 알고 있다고 해도 사용하기 어려운 것이면 공감은 얻어지지 않는다. 장래의 상황을 전망하여 그 시대로 향한 기술개발도 조속히 개시하여 둘 필요가 있다.

이러한 연구개발과 동시에 향후의 불확실한 시대에 대비하여, 사회동향을 판별하여 연구개발의 방향을 정하는 것도 동시에 중요하게 된다. 또한 가만히 자리 잡고 앉아서 지켜보는 것만이 아니라 사회로의 압박을 가하여 사회를 변화시켜나가는 엔진으로서의 기능도 필요하게 된다.

참고문헌

1) アル・ゴア著, 枝廣 淳子 訳: '不都合な真実', ランダムハウス講談社, 2007. 1.

3. 새로운 전개

환경문제가 철도로의 회귀를 재촉하는 하나의 큰 요인으로 되고 있다. 큰 자가용을 타고 돌아다니고 한 번 쓰고 버리는 용기에 패스트푸드를 먹는 미국형 라이프스타일에 대해서 의문을 던지는 목소리가 미국에서도 차츰 나오기 시작하고 있다. 이것은 극단적인 기상상황(Extreme weather event)으로 알려진 허리케인·카트리나의 등장에 의해서 스스로의 행동이 스스로에게 되돌아온다는 것을 미국 국민이 자각하였기 때문으로 알려져 있다. 또, 환경이나 에이즈, 빈곤 등의 문제에 음악가 등의 저명인이 대처하기 시작하여 선진국의 summit G8에 맞춘 다양한 활동이 시행되고 있다. 2005년 7월 2일과 7일에는 글로벌·어웨어니스·콘서트(Global Awareness Concert)인 Live 8이 개최되어 G8 지도자에게 'Make Poverty History(빈곤을 과거의 일로)'가 호소되었다. 일본에 있어서도, ap 뱅크 페스[ap bank[5] fes] 등의 활동을 통하여 내 수저, 내 컵, 물통을 사용하고 페트병을 사용하지 않는 운동 등이 진행되고 있다.

이러한 환경문제로의 관심을 더욱 넓혀 자가용 사용을 적극 줄이고 철도를 가능한 한 이용하는 것이 환경적 친화적인 대책이라는 운동을 해나가는 것이 철도의 유지·복권을 위해 중요할 것으로 생각된다. 철도의 이용촉진이 교통문제뿐만 아니라 지구 환경문제라는 인식을 확산시켜 더욱더 라이프사이클의 변화를 재촉하는 것이 필요하다. 또, 지구환경에 적합한 철도의 구축을 위해 한층 더 기술개발을 추진해야 할 것이다.

---

5) ap bank(에이피 뱅크)는 고바야시 다케시(小林武史), 사쿠라이 카즈토시(櫻井和寿, Mr. Children), 사카모토 류이치(坂本龍一)의 3명이 거출한 자금을 환경보호나 자연 에너지 촉진 사업, 에너지 절약 등 여러 가지 환경보전을 위한 프로젝트를 제안·검토하고 있는 개인이나 단체에 저금리로 융자하는 비영리 단체. 'ap'의 의미는 'Artists' Power' 및 'Alternative Power'이다. 역자 주

C·A·H·P·T·E·R 07

조사를 마치며

C·H·A·P·T·E·R
07

조사를 마치며

본 조사는 현재부터 4반세기 후의 가까운 미래에 있어서 일본의 철도 본연의 자세에 대해서 조사하는 것을 목적으로 시작되었다. 우선 꿈을 가지고 미래의 철도 이미지 창조로부터 시작하였다. 이것과 동시에 미래 사회에 영향을 줄 것으로 생각되는 사항에 대한 동향조사를 하였다. 다양한 이미지가 고안되었으나 현재에 얽매이지 않는, 즉 현재의 연장선상에 있는 것은 아니라 현재와 분리하여 완전히 참신한 철도의 미래 이미지를 상상(창조)하는 것은 상당히 곤란하였다.

통상의 연구 업무는 눈앞의 문제해결을 하기 위한 것이 대부분이며 장래의 동향조사, 나아가서 미래의 기술개발을 고려한다는 것은 이 조사에 관련된 많은 연구자에 대해서 상당히 어려운 문제였다.

4반세기에 구애받지 않고 좀 더 앞의 미래를 포함해도 좋다는 것이었지만 예상대로 2030년이라는 숫자에 너무 사로잡혀 있었는지도 모르겠다. 이미지하는 데 있어서 비젼이나 콘셉이 없는 것도 문제였다. 25년 전과 현재를 비교하면 철도 시스템에 혁신적인 변화는 없다. 25년 후도 다소 편리하게는 될 것이지만 획기적인 철도 시스템의 변화는 좀처럼 상상하기 어렵다. 여러 가지 아이디어에 대해 기술개발의 가능성을 쉽게 생각해버려 앞서 나아가지 못하는 것도 많이 보였다.

그래서 전혀 새로운 검토 수법을 채용하는 것으로 하고 일본 사회의 지속가능한 발전을 위해 변화해나가는 미래 사회에 있어서 철도가 사람과 물건의 자유로운 이동을 담당할 수 있을 것인가의 가능성을 찾는다는 관점으로부터 시나리오·플래닝이라는 수법을 이용하여 일본의 철도 전체를 조감함으로서 철도의 미래상을 검토하는 것으로 하였다. 우선, 미래 사회의 다양한 영향요인을 분석하였다. 다음으로 고려된 요인 중 확실성이 높은 저출산·고령화와 지구온난화를 공통 시나리오로 하고 이것에 철도 이용에 관한 국민적 합의 유무, 자동차 기술의 비약적 향상, 석유 채굴량의 감소, 그리고 대지진의 발생을 조합시킴으로써 4개의 독립된 미래 시나리오를 작성하였다. 4개의 시나리오는 철도성장형(호크아이), 철도정체형(펠리컨), 2개의 돌발사상형(피크오일, 캣피쉬)이다. 그리고 철도에서 요구되는 역할이나 기술개발 항목에 대해서 중장거리 수송, 단거리 수송, 화물 수송 등의 관점으로부터 검토를 시도하였다. 각각의 영향에 대한 기술개발 과제를 조사하고 시나리오 마다 기술개발 항목에 대해서 토론하여 기술개발의 방향성을 검토하였다. 돌이켜 생각하면 취급된 대상이 커졌기 때문에 충분히 검증되지 않았던 항목도 많고 기술개발 과제에 대해서는 아이디어에 그치고 있는 것이 대부분이다.

그러나 철도가 차세대에 있어서도 자유로운 이동의 주체이며 교통 네트워크를 유지하고 발전시키기 위해서도 적극적으로 장기적인 기술개발에 힘쓰고 싶다고 생각하고 있다.

부록

장래 실용화를 목표로 하여 **현재 진행 중인 기술개발의 예**

제1장~제7장에서는 사회의 미래 동향 예측으로부터 장래의 철도에 필요로 되는 기술개발 항목에 대해서 기술하였다. 본 항에서는 철도총연에서 진행 중인 장기적인 관점에서의 실용화를 목적으로 한 기술개발 항목을 소개한다.

◆ 연료전지 차량

1. 연료전지 차량 개발의 목적

현재 환경부하 저감이나 생에너지를 목적으로 하여 급속히 개발이 진행되고 있는 기술의 하나에 연료전지가 있다. 연료전지는 수소를 연료로 하여 산소와 반응시켜 전기에너지를 발생시키고 그때의 생성물이 물뿐인 매우 클린한 전원이다. 연료로 원유 등의 고갈계 연료를 사용하지 않기 때문에 장래 에너지 지속 사회에 공헌할 가능성이 있다. 이와 같은 연료전지를 철도 차량에 적용함으로써 클린·생에너지로서 장래에 걸맞은 철도 시스템을 제공해나가는 것을 목적으로 하여 일부 국토교통성으로부터의 국고 보조금을 받아 연료전지 차량의 개발을 하고 있다.

그림 1 철도총연에서 개발 중인 연료전지 시험 차량

2. 연료전지의 종류와 동작 원리

수소 등을 원료로 이용하여 화학적으로 발전하는 전지를 총칭하여 연료전지(FC : Fuel Cell)라 한다. 사용하는 전해질(연료극과 산화제극을 사이에 둔 막)의 종류에 따라서 분류되며, 종류로서는 ① 고체 고분자형(PEFC : Polymer Electrolyte Fuel Cell 또는 Proton Exchange Membrane Fuel Cell), ② 인산형(PAFC : Phosphoric Acid Fuel Cell), ③ 용융탄산염형(MCFC : Molten Carbonate Fule Cell), ④ 고체 전해질형(SOFC : Solid Oxide Fuel Cell), ⑤ 알카리형(AFC : Alkaline Fuel Cell) 등이 있다. 각각의 특징을 이하에 기술한다.

① 고체 고분자형

저온 동작(상온~100°C)이 가능하기 때문에 기동시간이 짧다. 용매로 백금을 사용하기 때문에 연료전지 중에서 가장 고가이다. 메탄올을 연료로 하는 DMFC(Direct Methnol Fuel Cell)도 연료전지의 구조로서는 고체 고분자형과 동일하다. 연료전지 중에서 가장 소형 경량이며 가정용 정치형(1~5kW급) 외에 연료전지 자동차(100kW급) 등의 이동체 용도로서도 개발이 진행되고 있다.

② 인산형

동작온도는 200°C정도이며 연료전지로서는 비교적 낮은 온도에서 동작가능하지만 기동시간으로서 3~4시간 걸린다. 용매는 백금을 이용하지만 사용량은 고체 고분자형보다 적기 때문에 고체 고분자형보다 저렴하다. 실용화 개발이 가장 빨리 시행되어 실적이 많다. 주로 정치 용도로서 사용되며 출력 규모는 수십 kW~200kW급이다.

③ 용융탄산염형

동작온도는 600°C이며 기동시간이 길기 때문에 연속 운전되는 용도에 적합하다. 연료는 순 수소 외에 수소에 일산화 탄소를 혼합한 것도 사용할 수 있다. 수소 연료전지 중에서도 비교적 고효율이다. 정치 용도 대상 개발이 진행되고 출력 규모는 1~1000kW급이다.

④ 고체 전해질형

동작온도는 1000°C 정도이며 연료전지 중에서도 가장 고온이다. 연속 부하 조건에서는 연료전지 중에서는 가장 고효율이지만 부하율이 낮은 조건에서는 고온으로 유지하여 두기 위한 에너지 손실이 있어 효율은 저하한다. 전해질이 세라믹이며 이동체 용도에 사용하기 위해서는 진동 조건을 고려한 설계가 필요하다. 또 실용화에 임해서는 성능 열화율의 더한층 고성능화가 요구된다. 출력 규모는 1~500kW급이다.

이러한 종류 중 철도 차량에 적용하는 것에 걸맞은 연료전지는,

a. 상온으로부터 발전 가능하고 기동시간이 짧다.
b. 소형·경량이다.
c. 진동에 강한 구조이다.
d. 부하 변동에 강하고 저부하 시에도 비교적 고효율이다.

등의 이유로부터 연료전지 자동차 등에서도 많이 채용되고 있는 고체 고분자형을 선정하였다. 이 고체 고분자형 연료전지의 동작 원리를 그림 2에 보인다.

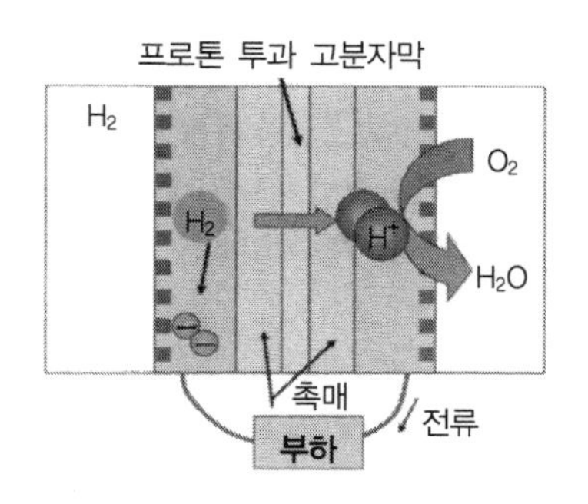

그림 2 고체 고분자형 연료전지의 동작원리

연료극 측에 수소, 산화제 측에 산소를 포함한 공기가 공급되고 있다. 양극 사이는 고체 고분자[프로톤(proton, 양성자) 투과 고분자]막에 의해서 떨어져 있으며 수소분자 및 산소분자는 이것을 투과할 수 없다. 연료인 수소분자가 백금 용매를 첨가한 고체 고분자막에 접하면 전자를 방출하여 2개의 수소 프로톤($2H^+$)으로 된다. 이 수소 프로톤은 고분자막을 투과가능하며 산화제극 측에서 산소와 외부를 경유하여 온 전자와 결합하여 물을 생성한다. 이 외부 회로를 통한 전자를 유효하게 이용하면 전원으로서 사용할 수 있다. 산화제는 대기 중의 산소를 사용하기 때문에 차량 측에 탑재한 연료는 수소만으로 된다. 이와 같은 연료전지에 의해 화학적으로 발전을 하면 수소 엔진 등으로서 동력을 발생시키는 것보다도 고효율로 되어 에너지 소비 절약뿐만 아니라 이산화탄소 배출 삭감 효과도 있다. 이상적인 조건에서는 실제로 수소 1mol(2g)로서 237kJ의 전기에너지를 만들어내는 것이 가능한 것을 알 수 있다. 실제 연료전지 1셀의 전압은 무부하 상태에서 약 1.0V로서 일정하다. 수소를 연료전지에 공급하면 촉매 작용에 의해 즉시 수소 프로톤 H^+와 전자 e^-로 분해되기 때문에 연료전지 셀에 전하가 머물러 버려 부하와 수소 공급의 밸런스가 나쁘면 연료전지 셀 전압이 안정하지 않은 것처럼 생각되지만 실제로는 고분자막을 사이에 두고 전하가 충분히 축적된 상태에서는 수소가 촉매에 의해서 분해되는 상태와 수소 프로톤과 전자가 재결합되는 상태가 균형을 이루기 때문에 겉보기 상 수소는 소비되지 않는다. 따라서 연료전지에 충분한 수소와 산화제가 공급되고 있는 상태에서 외부 부하를 접속하여 전류를 흘림으로써 이 균형 상태가 무너져 수소가 분해되는 상태가 우위로 되어 수소가 소비되어 나간다. 이 반응속도의 제어는 외부 부하에 의해 어느 정도의 전류가 흐르는가에 따라서 결정한다.

3. 연료전지 차량의 적용용도

연료전지의 철도 차량으로의 적용에 대해서는 많은 용도가 고려되지만 각각의 용도에 대해서 ① 필요로 하는 연료전지의 출력 ② 탑재 스페이스의 확보 ③ 적용 효과(적용량수도 고려)를 정리하여 표 1에 보인다.

표 1 연료전지의 철도 차량으로의 적용용도의 검토

적용대상	필요출력	탑재 스페이스	적용효과	평가
LRT(신형노면전차)로의 적용	◎	×	◎	△
입환동차·보수용차로의 적용	◎	○	△	○
비전철화 구간용 차량 (디젤 카의 대체)	○	◎	◎	◎
전철화 구간용 차량(전차의 대체)	△	◎	△	△
특급 디젤카의 대체	×	○	○	×
연료전지기관차	×	◎	○	×

LRT는 최근 몇 년 저상화하여 오고 있어 차량으로의 탑재 스페이스 확보가 어렵다. 입환동차·보수용차로의 적용은 대상 차량 수가 적어 적용효과는 크지 않으나 초기 단계에서의 실용화 용도로서는 적합하다. 전차의 대체가 되는 연료전지 차량은 지상 전철화 설비를 필요로 하지 않는 효과가 있으나 이 유지관리 비용과 비교하면 연료전지가 상당히 저렴하지 않으면 비용적 효과가 없다. 특급 디젤카의 대체로 되는 연료전지 차량 및 디젤 기관차의 대체로 되는 연료전지 기관차에는 1MW 클래스 이상의 연료전지 출력이 요구되기 때문에 연료전지의 대출력화가 필요하다. 디젤 카 대체 연료전지 차량은 연료전지 출력도 현재 개발되고 있는 것의 응용으로서 손이 미치는 범위이며 탑재 스페이스도 확보가능하고 적용효과도 크므로 연료전지 차량의 적용 용도로서 가장 걸맞을 것으로 생각된다.

4. 철도총연에서의 연료전지시험 차량의 개발 상황

철도총연에서는 2001년도부터 연료전지를 철도 차량의 구동용 전원으로 적용하기 위한 검토를 개시하고 있으며, 2004년에는 30kW급 연료전지 시스템에 의해 철도 차량용 대차의 구동시험에 성공하였다. 이때는 대차 1대를 차량 시험대에 설치하여 연료전지 전원에 의해 구동하여 최고속도 50km/h를 확인하고 연료전지의 추종 특성 등을 확인함과 동시에 수소 공급 제어나 공기 유량의 부하 추종 제어 및 냉각 제어 등에 과제가 있다는 것을 확인하였다. 이러한 경험이나 노하우를 살려 2006년도에는 연료전지, 고압수소 탱크 시스템 등을 시험 제작하여 연구소 내의 시험전차에 탑재하여 주행시험을 실시하였다. 이하에 100kW급 연료전지 시스템, 고압수소 탱크 시스템, 연료전지 시험 차량 및 이 차량의 구내 주행시험결과에 대해서 보인다.

(1) 100kW급 연료전지 시스템

100kW급 연료전지 시스템의 주요 사양을 표 2에, 외관을 그림 3에 보인다. 18kW급 연료전지 스택을 8개 탑재하여 전기적으로 직렬로 접속하고 있다. 무부하운전 시의 출력 전압은 동 규모 출력의 고체 고분자형 연료전지로서는 비교적 높은 850V를 발생한다. 연료전지 스택의 출력(gross)은 합계 약 150kW이지만 시스템 내 보기전력(補機電力, auxiliary power)으로서 최대 30kW를 사용하기 때문에 외부로의 최대출력(net)은 120kW이다. 운전에 필요한 공기공급장치, 수소 밸브, 냉각수 펌프, 냉각수 탱크 등을 모듈화하고 있다. 이 시스템은 원래 정치(定置)에서 실적이 있는 것을 이동체 용으로 소형화한 것이며 제조사는 NUVERA 사(미국)이다.

표 2 100kW급 연료전지 시스템 주요 사양

항목	사양
정격출력	150kW(gross), 120kW(net)
정격전류	250A(gross), 200A(net)
전압	850V(무부하), 600V(정격부하 시)
크기	1,650(L)×1,250(W)×1,500(H)mm
질량	1,650kg
스택 구성	18.75kW×8개
수소공급	압력 0.9MPa, 유량 1,620L/min
공기공급	최대 8,500SL/min
보기전력	연료전지로부터 공급, 최대 30kW

그림 3 100kW급 연료전지 시스템

(2) 고압수소 탱크시스템

연료전지의 연료가 되는 수소는 ① 거의 상온일 것, ② 1MPa 미만의 저압일 것, ③ 연료전지가 요구하는 공급속도가 있을 것, ④ 99.99% 이상의 고순도일 것 등이 필요하며, 가장 용이하게 만족시키는 방식으로 고압 가스로서 축적하는 방식을 채용하였다. 이 고압수소를 축적하는 장치로서 연료전지 자동차 등에서 실적이 있는 알루미늄 용기에 카본 화이버를 전체 둘레에 감싼 TypeIII라 불리는 용기를 사용하여 고압수소 탱크 시스템을 시험 제작하였다. 이 장치의 주요 사양을 표 3에, 외관을 그림 4에 보인다.

표 3 고압수소 탱크 시스템의 주요 사양

항목	사양
용기 종별	TypeIII
고압최대압력	35MPa
용기내 용량	180L
탱크 구성	4본 구성
수소탑재용량	17.2kg
크기	1,450(L)×2,680(W)×780(H)mm

그림 4 고압수소 탱크 시스템

(3) 연료전지 시험 차량

100kW급 연료전지 시스템, 연료전지용 고압 인버터 장치, 고압수소 탱크 등을 탑재하여 1량으로서 주행 가능한 연료전지 시험전차를 구성하였다. 각 용기의 탑재상황을 그림 5에 보인다. 이 연료전지 시험 차량은 연료전지의 출력이 철도 차량 1량을 구동하기 위해 여유가 없는 용량이기 때문에 구동계에 공급하는 정도로 하고 보기계(補機系) 전력은 지상으로부터 가선·팬터그래프를 경유하여 공급되는 구성으로 하였다. 이와 관련하여 보기(補機)는 공조·조명·브레이크 장치용 공기 압축장치 등이며 공기통의 압력이 충분하면 가선으로부터 집전하지 않고 팬터그래프를 접어서 주행이 가능한 구성으로 되어 있다. 또한 구동은 1대 차에 탑재된 유도 전동기(95kW) 2개에 의한다.

그림 5 연료전지 시험 차량의 각 기기 탑재상황

(4) 구내 주행시험결과

이 연료전지 시험전차를 구내 시험선(연장 약 650m)에서 주행시키는 시험을 하였다. 이 시험결과 예를 그림 6에 보인다. 차량 성능 설정은 가속도를 약 1km/h/sec(속도 20km/h까지)로 하였다. 주회로 구성은 연료전지 출력을 직접 인버터에 접속하고 있어 배터리 등은 접속하고 있지 않다. 이 주행시험에서는 주행거리의 제약으로부터 가속하여 최고속도에 달하면 타행은 대부분 하지

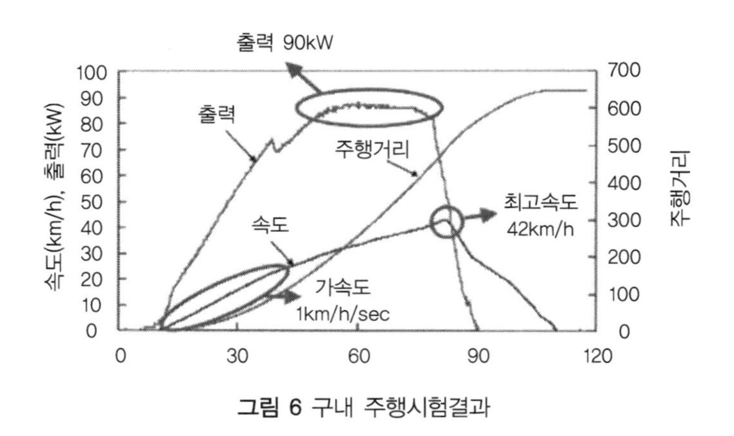

그림 6 구내 주행시험결과

않고 감속한다는 조건이었으나 최고속도 42km/h까지 가속 가능하다는 것을 확인할 수 있었다. 또 차량 주행에 의한 진동조건에 있어서도 연료전지 및 수소공급계의 정상 동작을 확인하였다. 이 주행시험에 있어서의 연료전지의 발전 효율은 약 50%, 연비는 7.6km/kg이었다.

주행거리 제약을 없애기 위해 차량 시험대에 연료전지 시험 차량을 고정한 구동시험에서는 최고속도 105km/h까지 가속 가능하다는 것을 확인하였다.

5. 후 언

연료전지는 정성적으로는 친환경적이고, 생에너지 기술이라고 알려져 있으나 금회의 평가에 의해서 철도 차량 부하조건하에서 50% 정도의 효율이고, 종래 디젤카와 비교하여 소비 에너지가 반 정도 이상인 것을 정량적으로 평가할 수 있었다고 생각한다. 연료전지의 개발은 현재 자동차로의 적용을 목적으로 한 개발이 자동차 제조사에서 가장 널리 시행되고 있으나 연료전지의 철도로의 적용은 자동차로의 적용과 비교하여 ① 수소 공급 설비 등의 지상 인프라도 철도 사업자가 동시에 설치, ② 전문 기술자의 관리하에 있어 일정 주기에서 점검된 조건하에서 사용, ③ 자동차와 비교하여 탑재 스페이스 확보의 용이성, ④ 연료전지 비용이 자동차와 비교하여 비교적 높은 단계로부터 적용할 수 있을 가능성이 있다는 등의 장점이 있다.

연료전지 차량의 개발은 현재 디젤카의 대체를 목적으로 하여 시행하고 있으나 저비용화가 실현되면 표 1에 보인 다양한 철도 용도로의 적용이 고려되고 연료전지의 큰 시장이 될 가능성을 감추고 있다. 이와 같은 다양한 장점이 있는 연료전지 차량을 가까운 장래에 연료전지 입수가 용이하게 되었을 때에는 신속하게 도입·보급이 되도록 기술개발을 계속하여 추진해가고자 한다.

◆ 가선·배터리 하이브리드 LRV 'Hi-tram(하이 트램)'

1. 가선·배터리 하이브리드 LRV의 목적
- 가선 아래를 달리는 전차에 특별히 배터리를 탑재한 것은 왜? -

최근의 전차에서는 '회생 브레이크'가 표준적으로 사용되고 있다. 브레이크를 작동할 때에 모터를 발전기로 하여 동작시킴으로써 차량이 가진 운동에너지를 전기에너지로 바꾸어 가선을 통하여 근처에서 가속중인 전차에 공급한다. 결국, 가선을 통한 에너지의 캐치볼을 함으로써 에너지를 낭비하지 않고 유효 재이용하는 것이 가능한 생에너지인 브레이크이다.

그렇지만 근처에 다른 가속 중인 전차가 없는 경우, 예를 들면 이른 아침, 심야나 운전간격이 긴 선구에서는 회생 브레이크가 효과가 없어지는 '회생 실효(失效)'가 발생한다. 또한, 근처에 전차가 있어도 가속하고 있지 않는 등 조금밖에 파워를 필요로 하지 않는 경우에는 그것에 따른 파워밖에 회생할 수 없는 '회생 부하조절(regenerative brake light-load control)'이 발생한다. 이와 같은 경우 기계 브레이크가 자동적으로 동작하므로 안전상의 문제는 없으나 본래대로라면 회수 재이용할 수 있었을지도 모를 에너지를 최종적으로 열에너지로서 방산하여 버리게 된다. 그 때문에 생에너지의 관점에서는 개선이 요망되고 있었다.

가선·배터리 하이브리드 전차는 이와 같은 회생 실효나 회생 부하조절로의 대책으로서 가선 아래를 달리는 전차에도 배터리를 탑재함으로써 가선으로 돌려줄 수 없는 회생에너지를 자차(自車)의 배터리로 돌려줄 수 있도록 한 전차이다(그림 1). 배터리에 축전된 전기에너지는 전차가 가속할 때 등에 재이용할 수 있다. 가선 또는 차재(車載) 배터리의 어느 한쪽 또는 그 양쪽으로부터 구동에너지를 얻어 주행하고 또 제동 시의 회생에너지를 상기 전원의 어느 한쪽 또는 그 양쪽으로 환원함으로서 에너지의 유효 활용이 가능하다.

그리고 또 하나의 큰 특장점은 차재(車載) 배터리의 에너지에 의해서 무가선 구간에서 가선less 구동이 가능한 것이다. 탑재한 배터리가 급속 충전 가능한

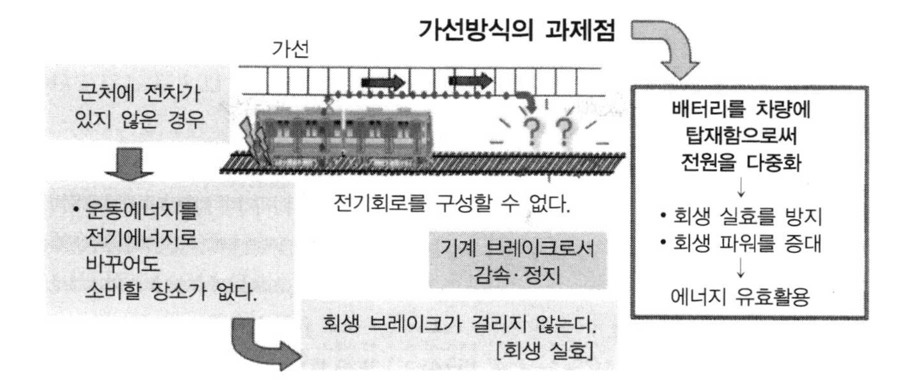

그림 1 가선·배터리 하이브리드 전차

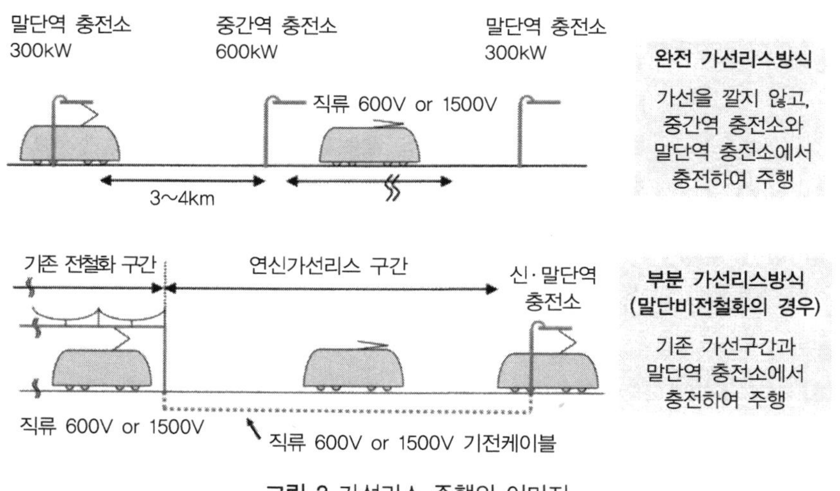

그림 2 가선리스 주행의 이미지

것이라면 도중 역 또는 정류장에서 여객 승강 중에 충전하는 것이 가능하게 된다. 예를 들면 트램급 차량이면 수 km 간격의 도중 역에서 급속 충전함으로써 가선less로서 연속 운전하는 것이 가능하다(그림 2).

2. 가선·배터리 하이브리드 전차

2-1. 가선·배터리 하이브리드 주행의 의의

가선 집전과 차재 축전과의 하이브리드 주행을 하는 이점은 이하와 같다.

(1) **환경 면** : 회생 부하에 기인하는 회생 실효나 회생 부하조절을 저감하고 가선으로 돌려줄 수 없는 회생에너지를 차재 배터리에 축전하여 재이용함으로써 에너지의 유효 활용에 의한 생에너지화가 도모된다. 마찰 브레이크 사용 비율의 감소에 의한 마모 분진이나, 마찰에 의한 불쾌한 소음을 저감할 수 있다.

(2) **서비스 면·운용 면** : 회생 브레이크의 신뢰성이 향상한다. 마찰 브레이크 사용 비율의 감소로서 브레이크 슈(제륜자) 교환빈도의 저감이나, 차륜 열균열, 요(凹) 마모의 억제에 유용하다.

또 소비 에너지 증가를 억제하면서 가속 어시스트에 의한 시분단축에 기여할 수 있다. 특히 고속역에서의 가속을 높일 수 있으며 제동 시에는 고속으로부터 정지까지의 회생 브레이크의 분담률 향상을 실현할 수 있다.

또는 차량 구동 파워를 현재의 전차와 같은 정도로 하는 경우에는 가선과 주고받는 파워를 줄일 수 있어 그만큼 변전소의 최대 파워를 줄임(피크 파워 커트)에 의한 계약 전기요금의 저감으로 이어진다.

게다가 지상 설비 강화를 하지 않고 가선 전압의 저하를 방지하는 것도 가능하게 되어 다이야를 지키는 운전이 쉬워진다.

그리고 비상시에는 자차(自車) 배터리로서의 자력 이동이 가능하기 때문에 여객 간힘의 방지에도 유용하다. 예를 들면 낙뢰로서 가선 정전이 일어나 200m 앞에 역이 보이는 지역에서 전차 속에 1시간 갇혀 있는 상황의 타개에도 공헌할 수 있을 것이다.

(3) **건설·보수 면** : 전기에너지로서 일원화되어 있으므로 동일한 하이브리드에서도 엔진 방식이나 연료전지 방식과 달리 액체연료(경유)나 기체

연료(수소)를 취급하지 않으므로 보수가 용이하다. 팬터그래프 상승에 의한 가선으로부터의 충전 등, 배터리 잔량 조정에 의한 에너지 관리가 용이하다. 트램의 경우에는 장래 전기 버스·전기트럭 등과의 충전소 병용도 상정할 수 있다.

2-2. 가선less·배터리 주행의 의의

배터리 구동에 의한 가선less 주행을 하는 이점은 이하와 같다.

(1) **환경 면** : 전기 구동이기 때문에 배출가스를 내지 않는 주행이 가능하므로 엔진 방식에 비해 저공해화를 도모할 수 있다. 팬터그래프의 접동음(摺動音)이 신경 쓰이는 개소나 가선과 레일에 흐르는 고조파가 과제로 되는 개소에서는 집전을 하지 않고 배터리로 주행함으로써 과제를 해결할 수 있다.

또 장소에 따라 가선 부설을 생략함으로써 도시 경관의 보전과 개선이 가능하게 되어 관광자원 가치 향상에 기여할 수 있다.

(2) **서비스 면·운용 면** : 무가선 구간이나 전철화 방식이 다른 구간에는 배터리 구동에 의한 노선연장 주행을 함으로써 전원 면에서의 직통 운용(Inter Operability)이 가능하게 된다. 그 결과, 환승 저감에 의한 여객 편리성이 향상된다.

(3) **건설·보수 면** : 가선 설비의 설치 비용이나 보수 비용의 저감이 전망된다. 또, 상하 치수가 협소한 장소에서 고가 높이의 문제 때문에 선로 부설이 불가능한 장소에서는 배터리 주행을 전제로 하여 새로운 노선 건설이 가능하게 되어 공공 교통 네트워크의 확충에 유용하다. 도로 병용 궤도의 교차점에서는 가선 설비 높이가 대형 자동차의 주행을 방해하고 있는 실 예가 있으므로 자동차 교통 저해 방지의 관점에서 교차점만이라도 가선을 제거하는 것은 효과적이다.

3. Hi-tram(하이! 트램) 개발

전압 600V, 용량 72kWh의 리튬이온 배터리를 탑재한 국내 최소급 치수(전장 12.9m)의 시험용 LRV(Light Rail Vehicle) 'Hi-tram(그림 3)'을 제작하였다. 차체는 일반적인 보기 대차를 이용한 부분 초저상 차량으로서 레일 면으로부터의 승강구 및 바닥면 높이는 350mm이다. 4축 전체가 전동축으로서 자동차와 비교하여 손색이 없는 가속도 4.0km/h/s(기동으로부터 속도 40km/h까지)를 확보하여 최고속도는 궤도선 40km/h, 철도선 80km/h를 실현하고 있다.

충전방식은 강체 가선으로부터 팬터그래프를 사이에 둔 접촉식으로 하여 접촉점에서의 용착을 막는 부재 조합 시험을 하였다. 수명 감축을 피하기 위해 급속 충전 시의 배터리 온도 상승을 억제하는 방법을 개발하고 또, 복전압가선(複電圧架線)·배터리 하이브리드 주회로의 구성과 제어법을 개발하였다. 이러한 것은 특히 도중 역이나 정류장 등에서 급속 충진하면서 주행하는 것에 필수 기술이다(그림 4).

애칭은 가선과 차재 배터리의 하이브리드(Hybrid) 주행에 의한 가선구간과

그림 3 Hi-tram(하이! 트램)

무가선 구간, 궤도선과 철도선이라는 상호 직통 운용(Inter Operability)을 하는 트램의 머리글자를 취하고 또 높은 가감속도에 의한 주행을 기대하여 명명하였다. 또, 2007년 10월에 보도 공개를 하였다. 또한 이 차량은 NEDO기술개발기구로부터의 위탁에 기초를 두어 실시한 연구성과의 일부이다.

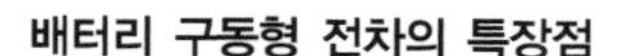

배터리 구동형 전차의 특장점

① 급속 충전매체의 사용
- 회생에너지 회수율 증가
- 정차 중 급속 충전 & 연속 주행

② 가선부설이 줄어드는 개소
- 건설&보수코스트의 저감

→ 모달시프트 용이화 (인프라 비용 삭감)

생에너지

실현해야 할 필수기술

수 km마다, 정류소에서 급속 충전하면서 주행하는 기술

① 접촉식 급속 충전기술
- 급속 충전부의 구조
- 급속 충전 시의 리튬이온 전지의 냉각

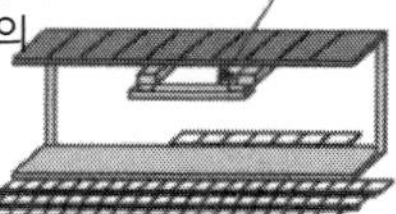

급속 충전부

② 시험용 LRV전차
- 차재 충전 가능한 전력변환기
- 급속 충전과 회생 효율의 시험평가

그림 4 배터리 주행 실현을 위해 개발한 항목

3m의 강체 가선(1500V)으로부터
팬터그래프를 사이에 두고,
정차 중 LRV의 배터리를 급속 충전

그림 5 1500V 강체 가선으로부터의 600kW 급속 충전

4. 주행결과

정차 중의 배터리 충전 전류 1000A로서 60초의 급속 충전에 의해 거리 4km 이상의 주행 에너지를 보급할 수 있다는 것을 실증하였다(그림 5).

2007년 11월부터 2008년 3월까지는 삿포로(札幌) 시 교통국의 실 노선에서 영업 다이아에 의한 40일에 걸친 주행을 하였다. 이 기간의 총 주행거리는 2,196km, 본선 주행은 2,083km로서 그중 배터리 주행 분이 413km(약 20%)였다.

배터리 주행에서의 난방 병용 시(외기온 마이너스 2°C일 때 설정 온도 20°C)에 있어서의 1충전 주행거리 25.8km의 값을 얻었다. 정확히 1.5왕복마다 차고로 입환하는 행정을 배터리 용량의 58%를 사용하여 약 3시간에 주행할 수 있었다(그림 6). 이때의 회생 효율(회생 전력량을 역행 전력량으로서 나눈 값)은 41%로 가장 좋다고 여겨지는 야마노테센(山手線)급의 에너지 회수율을 실현하였다.

또, 가선 하이브리드 주행에서는 기존 인버터 전차에 대해 10% 이상의 소비 에너지 삭감을 실현하고 있다. 외기온 마이너스 10°C에서도 소정의 배터리 성능을 얻을 수 있었다. 2008년 3월 9일에는, 공모 추첨에서 일반 시민의 시승회가 삿포로(札幌) 시 교통국 주최로서 시행되었다.

5. Hi-tram(하이! 트램)이 목표로 한 것 : 도시 간 교통과 도시 내 교통의 제휴

향후의 큰 전개로서, 도시 간 교통과 도시 내 교통의 제휴를 들 수 있다.

저출산·고령화 사회의 진전과 함께 무질서한 스프롤(sprawl)[6]을 그만두고 중심시가지로 다시 사람을 집약적으로 살게 함으로써 공공 인프라 비용을 전체적으로 저감하는 '콤팩트 시티(Compact City)'가 지향되고 있다. 중핵 도시[7]를 중심으로 거리 만들기가 수정되어 파크 앤드 라이드 구상이나 중심시가

6) 시가지가 땅값이 싼 도시의 교외로 무질서·무계획하게 확대되는 현상. 역자 주
7) 현청 소재지나 그것에 준하는 도시. 역자 주

2003년 8월 공개

[연구소 내 주행]
동일 주행 패턴

용량 72kWh
사용 비율 57%
거리 32.8km
시간 2.08시간
회생률 48%

2007년 10월 공개

[현지 주행]
영업 다이야 패턴·난방 사용

사용 비율 58%
거리 25.8km(1.5왕복분)
시간 2.96시간
회생 효율(=회생/역행) 41%
전원회생률 24%

그림 6 배터리만으로서 1충전 주행거리

지에서의 궤도계 교통기관의 도입 또는 부활이 검토되고 있다.

공공 교통으로서의 철도·궤도 시책은 철도 사업자에 대해서 지금까지는 대도시권 수송이나 도시 간 고속 수송을 주로 한 대처가 중심이었으나 콤팩트 시티 실현에 수반한 도시 내의 공공 수송 정비도 중요성을 증가시키고 있다.

향후는 지방 로컬선 활성화 등의 과제에 대응하기 위해 재래 철도와 도시 내 선의 제휴, 상호 직통 노선연장, 그를 위한 트램 트레인 차량이라는 개발 needs로의 대응도 필요하게 될 것이다.

'Hi-tram(하이! 트램)'은 그와 같은 needs에 따르기 위한 기술개발의 제1보이다.

참고문헌

1) 阪井 ; 'ドイツのトラムトレイン-直通運転実現のための技術開発—', JREA第50巻第2号(ISSN0447-2322), 2007.12.
2) 小笠·田口·前橋·門脇·末包 ; '架線ハイブリッド(加線レス)LRVの新車概要

と車両性能', 第14回鉄道技術連合シンポジウム(J-Rail2007)-4-4, 2007. 12.
3) 小笠・田口・大江・廿日出・末包・門脇・仲村 ; '架線・ハイブリッドLRVの軌道線走行試験結果概要', 平成20年電氣学会産業応用部門大会3-18, 2008. 08.
4) 小笠・田口・末包・前橋・兎束・菅原 ; '架線レスLRVの停車中急速充電システムの開発'鉄道総研報告第22巻第9号, 2008. 09.

◆ 철도 차량용 HILS 시스템

1. 서 론

컴퓨터상에서 동작하는 소프트웨어(시뮬레이터)와 평가 대상인 하드웨어(実機)를 조합시켜 실시간 시뮬레이션을 시행하는 시스템을 HILS(Hardware In the Loop Simulation) 시스템이라 한다.

실물의 평가 대상 기기의 거동을 컴퓨터상의 시간 응답 시뮬레이션 계산에 리얼타임으로서 짜 넣음으로써 현실의 특성을 평가할 수 있는 HILS 시스템은 비용과 시간이 걸리는 주행실험의 대부분을 치환할 것으로 기대되며 자동차 개발에 있어서는 특히 엔진이나 변속기 제어, 브레이크 제어 등의 개발·평가에 있어서 개발 기간의 단축이나 품질 향상에 기여하는 중요한 tool로 되는 중이다.

현재의 철도 차량에 있어서 새로운 장치의 개발은 주행시험에서 평가하면서 조정, 개량을 거듭해나가는 수법으로 되어 있으나 현재 일본에는 전용 시험선이 없기 때문에 주행시험은 영업선을 이용하여 시행하고 있다. 이와 같은 본선상의 주행시험은 비용 등에서의 제약이 상당히 크다. 또, 극한 상태를 조사하는 것과 같은 위험을 수반하는 시험은 실시가 곤란하다. 주행시험을 벤치 시험(bench test)으로 대체하는 수법의 개발은 개발 공정의 단축이나 품질 향상에 연결될 큰 가능성을 가지고 있는 것으로 생각한다. 또, 벤치 시험에서 이러한 주행상태를 모의할 수 있게 되면 철도 차량의 안전성 향상에도 기여할 수 있을 것으로 생각된다.

이와 같은 관점으로부터 현재 분산형 리얼타임 시뮬레이터, HILS 대응시험 장치, 차량 시험대 등을 유기적으로 조합시킨 HILS 시스템에 의해 '철도 차량의 가상 주행시험 환경의 실현'을 목표로 한 연구를 국토교통성의 보조금을 받아 실시하고 있다.

2. 시스템의 개발과제

자동차용 HILS 대응시험장치는 주로 전자제어장치의 특성평가·조정을 위해 이용되는 경우가 많고 하나의 실험실에 들어가는 것과 같은 규모인 것에 대해 철도 차량의 운동 해석에서는 자동차와 비교하여 평가 대상 부품이 큰 것, 구성 부품 수도 많아 고려해야 할 자유도가 많은 것, 편성 주행의 해석에는 인접 차량의 운동을 고려할 필요가 있는 것 등으로부터 대규모인 시스템으로 되어 구성요소의 리얼타임 네트워크를 사이에 둔 분산배치가 필요하게 된다.

더욱이 레일/차륜 간의 접촉은 오래된 철면(鉄面)끼리의 접촉이기 때문에 변화가 험준하고 접촉력의 계산 주기를 1000분의 1초 정도로 억제할 필요가 있어 실시간으로서 시뮬레이션을 실행하는 HILS 대응시험장치 시스템에서는 시간당의 계산 부하가 커져 1대의 컴퓨터로서는 필요한 연산 주기 확보가 곤란하다. 이 때문에 복수의 컴퓨터로서 병렬 처리를 하는 분산처리 시스템을 고려

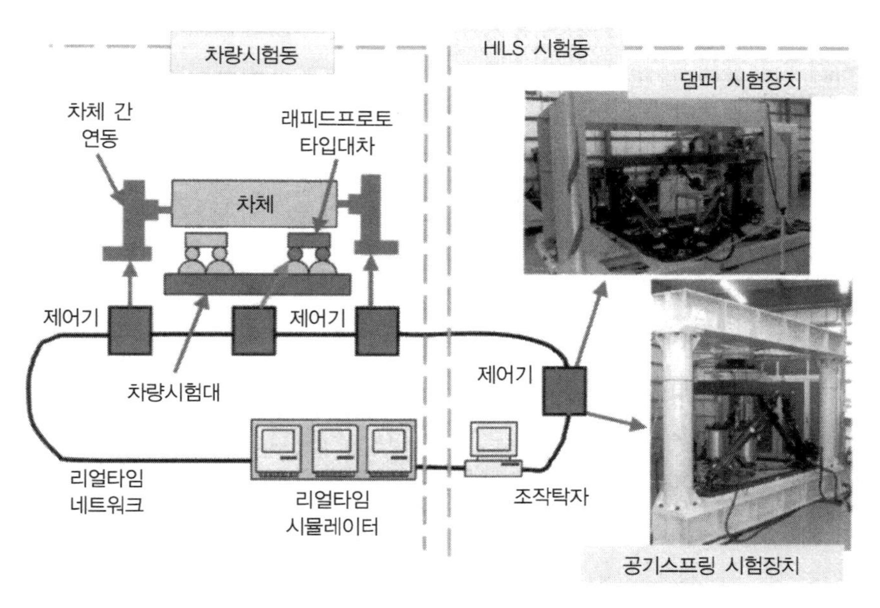

그림 1 철도용 HILS 시스템의 구성

할 필요가 있다.

또 시스템 운용 면에서의 과제로서, 차량 개발·연구의 인프라로서 다수의 연구자가 작성한 모델을 상호로 이용할 수 있도록 할 필요가 있다. 신뢰성을 확인한 모델을 라이브러리화하여 공통 재산으로서 재이용하는 방법을 준비하여 소프트 웨어 부품(블록)으로서 라이브러리에 축적해나감으로써 전체의 시뮬레이션 정밀도를 서서히 높여가는 것이 가능하다. 이를 위해서는 라이브러리 구조와 인터페이스를 알기 쉽게 정할 필요가 있다. 또 통일적인 순서로서 구성부품으로의 입출력 특성을 분류하여 HILS 시험장치와 공통의 인터페이스를 가진 모델로 변환하는 고정도인 분류 수법과 그 모델을 라이브러리 데이터로 변환하는 시스템이 필요하다.

3. HILS 시스템의 구성

시스템을 구성하는 주된 장치는 리얼타임 네트워크로서 접속된다. HILS 시스템은 시뮬레이션 결과에 따라 시험장치를 구동하여 그 결과로서 시험 대상이 발생하는 힘을 시뮬레이션의 입력으로 돌려줌으로써 다음 단계의 계산을 실행한다. 따라서 시뮬레이션과 시험 대상의 물리적인 움직임은 동기하고 있을 필요가 있으며 정보 전달의 정시성이 중요하다. 이를 위해 철도총연의 시스템에서는 HILS 제어의 부분에는 FIVA-Channel이라는 광통신방식의 고속 네트워크를 이용하고 있다.

리얼타임 시뮬레이션은 계산 부하의 피크가 커지기 때문에 복수의 계산기를 리얼타임 네트워크로 접속하여 계산 부하를 분산하는 시스템 구성으로 하고 있다.

댐퍼나 공기스프링의 특성 재현 정밀도는 시뮬레이션의 정밀도에 큰 영향을 미치지만 종래의 시뮬레이션에서는 이러한 특성을 선형화 등의 방법으로서 근사하는 것이 불가결하고 실제의 주행 조건하의 특성과 반드시 일치하지 않는 경우가 있다. 이것에 대해 HILS 시스템의 장점은 실물 기기를 실제로 움직여 평가함으로써 근사를 하지 않은 정확한 특성을 실현할 수 있는 것에 있다.

HILS 대응시험장치는 리얼타임 시뮬레이터와 연동하여 평가 대상 기기의 주행상태에 있어서의 특성을 시험하는 장치로서, 주요 장치로 댐퍼 시험장치, 공기스프링 시험장치, 인접 차량의 운동을 모의하기 위한 차체 간 운동 모의 장치, 설계·계획 단계에서 아직 실재하지 않은 대차의 특성을 시험·평가하기 위한 가변특성 대차(래피드 프로토타입 대차) 등이 있다.

또 시뮬레이션 모델에서는 차량을 차체나 대차 등의 구조체의 요소와 댐퍼 등의 결합 요소로 분해하여 각각이 입출력 기능과 동특성을 가진 작은 시뮬레이션 프로그램의 블록으로서 작성된다. 컴퓨터상의 전용 프로그램으로서 이러한 블록을 접속하여 입출력 관계를 정의함으로써 시뮬레이션 프로그램이 생성된다. 각 블록은 라이브러리에 등록하여 두고 CAD 시스템의 요령으로 필요에 따라 읽어 들여 사용된다. 이와 같이 블록을 독립시킴으로써 각 CPU의 처리를 블록 단위로서 나누어 붙이는 것이 가능하고 분산 처리가 용이하게 되는 것, 부품이나 차체가 라이브러리화 되어 재이용이 가능하고 워크 스페이스상에서 필요한 부품을 선택하여 접속하는 것만으로 간단히 시뮬레이션할 수 있는 것, 평가 대상의 블록과 시험장치의 블록을 교체함으로써 HILS를 이용한 시뮬레이션과 통상의 시뮬레이션의 모델 변경이 간단하여 비교·평가를 용이하게 할 수 있는 것 등의 이점이 있다.

또 시뮬레이션 정밀도를 향상시키기 위해 비선형성을 가진 평가 대상에 대해 그 응답을 자동적으로 분류하고 그 입출력 특성을 재현할 수 있는 블록을 만드는 시스템의 개발, 편입을 추진하고 있다.

4. 향후의 전개

새로운 차량 개발에 맞추어 충분한 시험에 의한 주행 특성의 평가는 필수이다. 그렇지만 일본에서는 영업선상에서 시험을 하기 때문에 예를 들면 영업 열차가 달리지 않는 야간의 한정된 시간에 충분한 안전성을 담보한 조건에서만

주행하는 등 시험 조건에 강한 제약이 있는 가운데에서 지극히 신중하게 차량 개발을 하고 있는 것이 현실이다.

HILS를 응용한 시험·평가 시스템을 이용함으로써 종래의 차량 개발 수법이 바뀌어 주행시험을 모의한 테스트가 실험실 레벨에서 가능하게 된다. 이것에 의해 차량의 품질이나 안전성을 혁신적으로 높일 수 있을 지도 모른다. 또 차량 개발 시간의 대폭적인 단축화, 효율화가 시행될 가능성이 있다. 주행시험을 모의한 안전성 확인 시험 등을 실험실 레벨에서 평가할 수 있도록 된다면 종래의 개발 수법에서는 실현할 수 없었던 획기적인 기기나 기구를 차량에 도입할 수 있게 될 것으로 생각된다.

◆ 철도의 강풍대책

1. 서 론

최근 몇 년 철도 차량은 소음이나 진동 등의 환경문제 혹은 생에너지 문제 등의 관점으로부터 경량화가 진행되고 있으며 또 편리성 향상(도달시간 단축)을 위해 속도 향상이 도모되고 있다. 이러한 경향은 횡풍에 의한 차량의 전복에 대해서 불리한 조건으로 되고 있어 강풍 대책에 관한 연구·개발은 더욱더 중요하게 되어 오고 있다.

여기에서는 강풍 대책에 관한 연구·개발의 한 예로서 홋카이도(北海道)에서 시행된 실물크기 차량 모형을 이용한 공기력 측정 시험의 개요에 대해서 기술함과 동시에 최근의 주된 연구개발 성과를 간단히 소개한다.

2. 차량의 횡풍에 대한 안전 지표

차량에 횡풍이 작용하면 바람 위측의 윤중(차륜이 레일을 수직방향으로 누르는 힘)이 감소한다. 풍속이 증가하면 바람 위측의 윤중은 더욱 감소하여 임의 풍속에 도달했을 때 바람 위측 윤중이 0으로 된다. 이와 같이 바람 위측의 윤중이 0으로 될 때의 풍속을 '전복 한계풍속'이라 정의하고 차량의 주행안전성을 평가하는 지표의 하나로 이용한다.

전복 한계 풍속을 가능한 한 정확히 구하기 위해서는 바람에 의해 차량에 작용하는 공기력을 정확히 구하는 것이 중요하다. 일반적으로 풍속의 제곱과 공기력과의 사이에는 비례관계가 성립하므로 그 비례계수(공기력계수라 함)를 정확히 구하는 것이 공기력을, 나아가서는 전복한계 풍속을 정밀하게 구하기 위한 실마리가 된다.

3. 공기력 계수를 정밀도 좋게 구한다

공기력 계수는 풍동시험에 의해서 구하는 경우가 많다. 여기에서 풍동이란

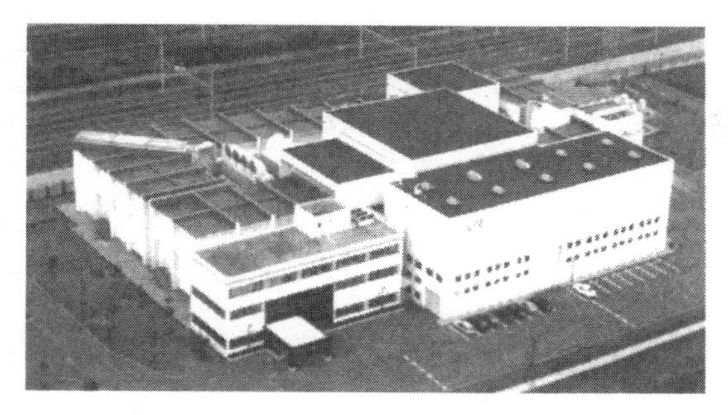

그림 1 대형저소음 풍동[시가(滋賀)현 마이바라(米原) 시]

인공적으로 공기 흐름을 만드는 장치이며 풍동 내에 차량과 지상 구조물의 축척 모형을 설치하여 공기력 등을 측정한다. 철도총연은 1996년에 시가(滋賀)현 마이바라(米原) 시에 대형 저소음 풍동을 건설하고(그림 1) 그 후 전복 한계 풍속을 계산할 때에 필요한 공기력 계수는 주로 이 풍동에서 측정하고 있다.

그림 2 실물크기 모형에 의한 공기력 측정시험

그림 3 풍동에 의한 공기력 측정시험

풍동시험의 중요성이 인식되기에 이른 최초의 계기는 1986년 12월에 발생한 산인혼센(山陰本線) 아마루베키(余部) 교량에서의 열차 탈선 사고이다. 이 사고의 원인 조사에 있어서 차량에 작용하는 공기력은 차량 형상뿐만 아니라 지상 구조물의 형상에도 의존하는 것이 명확해졌다. 게다가 1994년 2월에 발생한 누무로혼센(根室本線)에서의 특급 오오조라호 탈선사고 및 같은 날에 발생된 산리쿠(三陸) 철도 南리아스선에서의 열차 탈선 사고 원인 조사에서 공기력 계수는 차량에 대한 풍향각(차량에 부딪히는 바람의 각도)에 의존하며 그 풍향각 특성이 선두차와 중간차들에서 다른 것이 명확해졌다. 이러한 지견을 받아 철도총연에서는 5종류의 차체 형상과 7종류의 지상 구조물 형상을 조합시킨 풍동시험을 풍향각을 바꾸면서 시행하여 공기력 계수를 상세히 조사하였다.

4. 실물크기 모형시험[홋카이도(北海道) 시마마키무라(島牧村)]

상기와 같이 공기력 평가에 있어서의 풍동시험의 중요성이 인식되는 한편 '풍동시험은 정말로 현실을 모의하고 있는 것인가?'라는 소리가 들리는 경우가 있다. 지금까지 풍동시험에서는 풍속이 시간적·공간적으로 변동하지 않는 일양한 바람을 주로 이용하여 공기력 계수를 측정하여 왔다. 그렇지만 실제로 자연계에서 불고 있는 바람(이하, 자연풍이라 함)은 시간적·공간적으로 변동하고 있으며 게다가 높이 방향의 풍속 분포도 일양하지는 않고 지상으로부터의 높이가 높아짐에 따라 평균 풍속은 빨라진다. 또 풍동시험과 현실들에서는 역학적 상사칙의 파라미터인 레이놀즈 계수가 소수 1자리 정도 다르다. 그 때문에 이와 같은 풍동시험의 바람과 자연풍과의 차이가 공기력에 영향을 미치지는 않을까?라는 의문이 생겨나는 것이다. 그래서 이러한 자연풍의 특성이 공기력에 미치는 영향을 해명하기 위해 2001년부터 2004년에 걸쳐 홋카이도(北海道)의 강풍지역에 실물크기의 고가교 모형과 차량 모형을 설치하고 주위의 바람 관측과 차량에 작용하는 공기력 측정을 하였다(그림 2). 또 그와 병행하여 자연풍을 모의한 풍동시험방법을 개발하였다(그림 3). 풍동시험에서는 풍동의 바닥에 블록이나 끝이 뾰족한 탑을 배치하여 높이 방향의 평균 풍속 분포와 흐트러짐의 강도(풍속변동의 표준편차를 평균풍속으로서 나눈 값)가 실물크기 모형시험에서 관측된 자연풍과 동등하게 되는 기류(난류 경계층이라 함)를 생성하였다. 자연풍을 모의한 풍동시험의 결과, 얻어진 공기력 계수의 크기와 풍향각 특성은 실물크기 모형시험의 결과와 잘 일치하는 것을 알았다. 그리고 축척 모형을 이용한 난류 경계층에 의한 풍동시험이 차량에 작용하는 공기

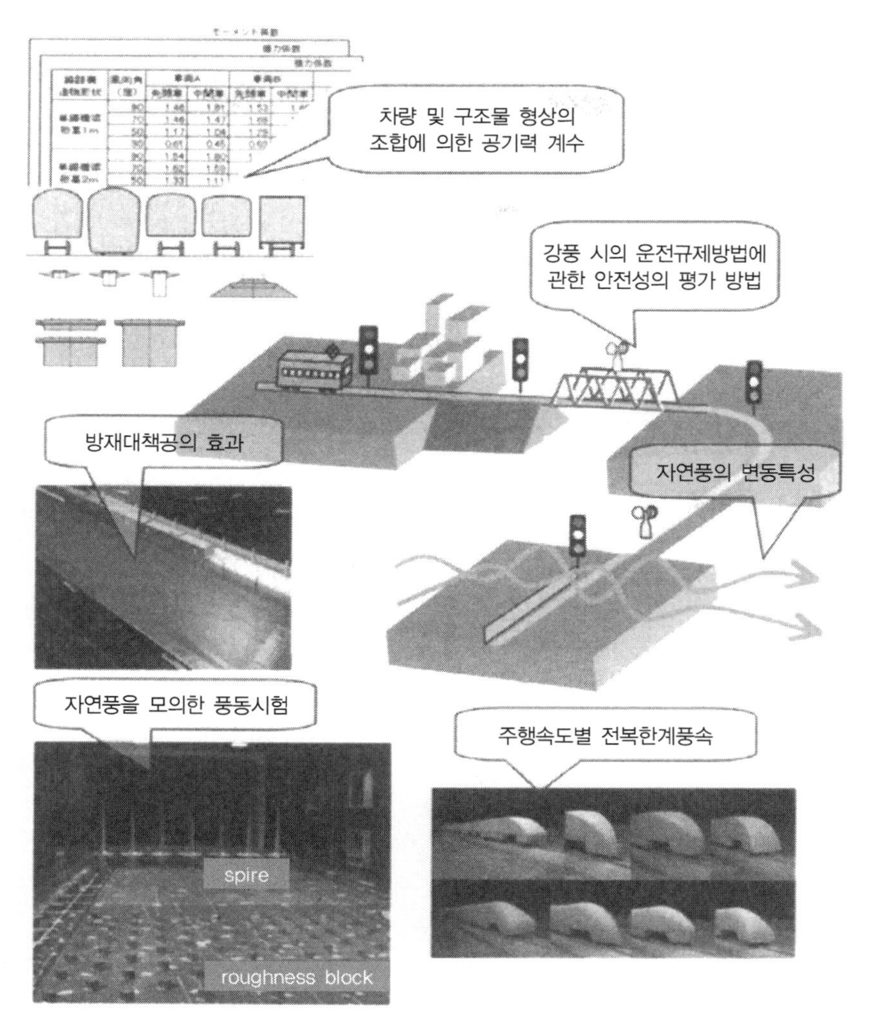

그림 4 주된 연구개발 성과

력을 평가하는 수법으로서 유효하다는 것이 확인되었다.

5. 최근의 주된 연구개발성과

앞 항까지 횡풍에 대한 차량의 주행 안전성을 검토하는 데 가장 중요한 요소의 하나인 공기력의 평가 방법에 관한 연구성과를 소개하였는데 이것을 포함한 최근의 주된 연구개발 성과를 매우 간략히 소개한다(그림 4).

○ 차량 및 구조물 형상의 조합에 의한 공기력 계수

재래선의 표준적인 차량 형상 5종류와 선로 구조물 형상 7종류들을 조합시켜 3종류의 공기력 계수를 풍향각별로 구하였다.

○ 방풍 대책공의 효과

방풍책의 높이·충실율과 공기력 계수와의 관계가 명확해졌다. 방풍책의 높이가 2m 이상의 경우에는 공기력 저감 효과는 충실율에 거의 비례하는 것을 알았다.

○ 자연풍을 모의한 풍동시험

풍동 내에 러프니스(roughness) 블록이나 스파이야(spire, 첨탑)를 배치하여 4종류의 난류 경계층의 생성방법을 확립하였다.

○ 주행속도별의 전복한계 풍속

고속주행 시의 전복 한계 풍속의 저하가 우려되는 선두차에 대하여 선두부 형상이 공기력 계수에 미치는 영향을 조사하였다. 또 서행에 의한 전복 한계 풍속의 향상 효과는 중간차보다 선두차에서 현저하게 되는 것이 명확해졌다.

○ 자연풍의 변동특성

강풍지에서 풍속이 급격히 증가할 때의 증가량에 대하여 지수함수를 이용하여 그 증가량의 도수를 근사할 수 있는 것을 알았다. 또 태풍이나 계절풍이라는 기상 개황에 의한 증가량의 차이는 작은 것을 알았다.

○ 강풍 시의 운전규제방법에 관한 안전성의 평가 방법

전복 한계 풍속과 규제 풍속, 규제 계속 시간이나 서행 속도 등을 파라미터로 하여 열차의 운행 가능한 시간 대에 전복 한계 풍속 이상의 풍속이 생길 확률을 지표로 한 안전성의 평가 방법을 제안하였다.

6. 향후의 전개

강풍대책의 문제는 차량의 전복 한계 풍속만이 아니라 하드 대책(방풍책 등), 소프트 대책(운전규제 규칙 등), 강풍 특성의 파악, 바람 관측 방법 등 여러 가지에 걸친 항목에 대해서 총괄적으로 검토하여야 한다. 철도총연에서는 차량, 공력, 기상의 각 분야의 연구자가 제휴를 하면서 이 문제에 대처하고 있다.

향후에는 지금까지의 연구를 더욱 심도화함과 동시에 확률 지표 등을 이용한 리스크 평가 수법을 검토하여 강풍 대책의 필요성 혹은 우선도를 판단할 때의 의사 결정지원 tool의 개발을 목표로 해나간다. 또 회오리바람이나 다운버스트(downburst)[8] 등의 돌풍에 대한 안전성에 관한 연구도 지금부터 착수해나갈 예정이다. 더욱이 장래적으로는 차상 모니터링에 의한 풍속(풍황) 감시 등 기존 기술의 틀에 얽매이지 않은 새로운 강풍 대책 수법을 검토해나갈 예정이다.

(대형 저소음 풍동)

철도총연의 대형 저소음 풍동은 신칸센을 비롯한 고속철도의 공력 소음, 공기 역학적 여러 문제의 연구개발을 위해 1996년 4월에 시가(滋賀) 현 마이바라(米原) 시에 준공하였다. 이 풍동에는 다음과 같은 특징이 있다.

○ 세계에 유례가 없는 저소음 성능(암소음 레벨 75.6dB-300km/h)

8) 뇌운 등에 수반하는 급격한 하강 기류(돌풍을 일으키는 현상). 역자 주

넓은 무향실에서 측정함으로써 정밀도가 높은 공력음 측정이 가능

○ 국내의 대형 저소음 풍동 중에서는 최고의 풍속 성능

개방형 측정부(폭 3.0m × 높이 2.5m)에서 400km/h

밀폐형 측정부(폭 5.0m × 높이 3.0m)에서 300km/h

○ 대형 고속의 이동 지면판(地面板)을 장비

폭 2.0m × 길이 6.0m, 속도~220km/h. 지면(地面) 근처의 흐름을 정확히 모의

○ 큰 측정부, 교란이 적은 흐름

물체에 작용하는 공기력이나 흐름 측정에 높은 정밀도가 얻어진다. 승용차의 실차 시험도 가능

이러한 특징에 의해 고속철도의 공력소음의 저감, 열차의 공기 저항 저감, 공력·소음 특성 개선 등의 기초연구·기술개발에 대응할 수 있다. 또, 철도뿐만 아니라 폭넓은 분야에서 범용적인 시험이나 기초적 연구의 시험에 대응할 수 있다.

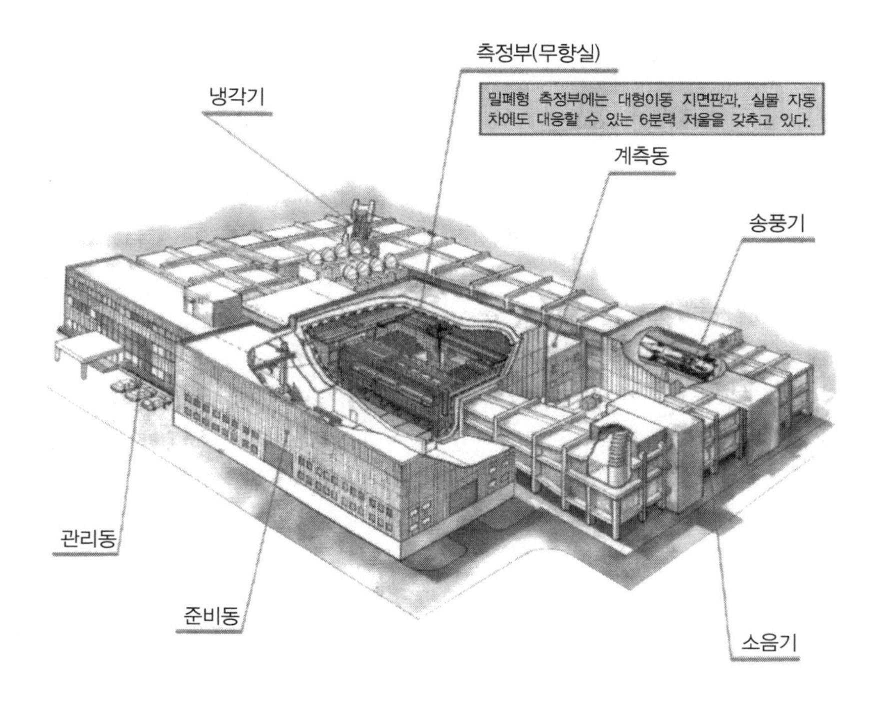
측정부(무향실)
냉각기
밀폐형 측정부에는 대형이동 지면판과, 실물 자동차에도 대응할 수 있는 6분력 저울을 갖추고 있다.
계측동
송풍기
관리동
준비동
소음기

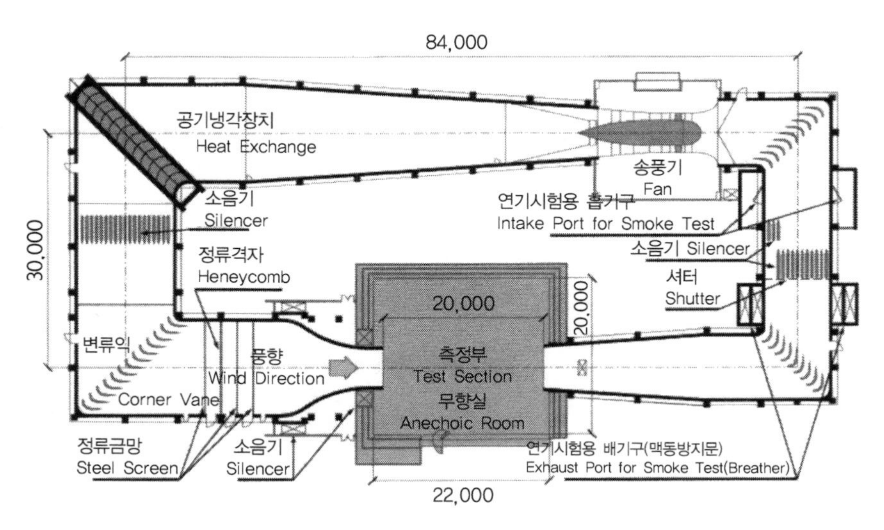
84,000
공기냉각장치
Heat Exchange
송풍기
Fan
소음기
Silencer
연기시험용 흡기구
Intake Port for Smoke Test
30,000
정류격자
Heneycomb
소음기 Silencer
셔터
Shutter
20,000
20,000
변류익
풍향
Wind Direction
측정부
Test Section
무향실
Anechoic Room
Corner Vane
정류금망
Steel Screen
소음기
Silencer
연기시험용 배기구(맥동방지문)
Exhaust Port for Smoke Test(Breather)
22,000

◆ 철도의 라이프사이클 어세스먼트(LCA)

1. 지구 환경문제와 환경부하 평가의 필요성

지구온난화를 비롯한 지구 환경문제는 인간의 생존 환경의 문제이며 인류 전체가 대처하지 않으면 안 되는 과제가 되고 있다. IPCC(기후변동에 관한 정부 간 패널)의 제4차 보고에 제시된 바와 같이, 이 문제에서는 종래의 완화(=여하히 그 진행을 억제할 것인가)에 추가하여, 적응(=여하히 그 영향에 대응해 나갈 것인가)이 과제이다. 회담(summit)에서 목표로 하여 제창된 '2050년의 세계 전체의 CO_2 배출량 반감'의 실현을 향하여 각 분야의 대처가 요구되며, 철도를 포함한 수송 분야도 대폭적인 CO_2 삭감을 달성해나가지 않으면 안 된다. 그러기 위해서는 우선 현상을 알고, 대책을 세워 실시하고 나아가 그 효과를 검증하는 일련의 프로세스 반복이 필요하며 환경부하를 정량적으로 평가하는 수법이 요구된다.

2. 환경부하 평가수법으로서의 라이프사이클 어세스먼트

제조단계에서 환경부하가 최소가 되도록 하여도 사용단계에서의 부하를 그 이상으로 증대시켜 버려서는 전체에서 최소가 되지 않는다. 또, CO_2 배출을 억제하여도 다른 유해물질을 대량으로 사용, 배출하여 버리는 것이라면 의미가 없다. 환경부하 평가수법의 하나인 라이프사이클 어세스먼트(LCA)는 제품이나 서비스의 '요람에서 무덤까지', 즉 그림 1에 보인 원재료의 채취, 부품·제품의 제조로부터 사용, 그리고 폐기에 도달하는 라이프사이클 전체를 보아 환경부하를 평가하는 수법이며, 지구온난화뿐만 아니라 산성화나 오존층 파괴 등 여러 가지 환경문제를 다루는 수법이다. 이하, 지구온난화의 주요인이 되는 CO_2를 중심으로 이야기를 진행하지만, 다른 환경부하에 대해서도 마찬가지의 대처가 가능하다.

LCA에서는 우선 최초로 무엇 때문에 어느 범위에서 평가를 할 것인지를 결정한다. 다음에 구체적인 작업으로서 라이프사이클의 각 스테이지에서 투입된

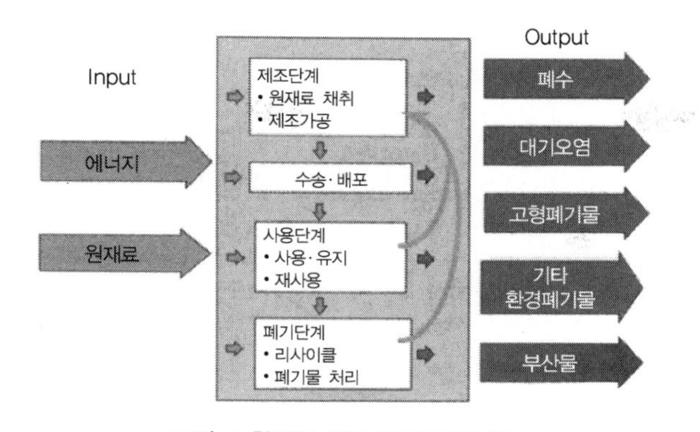

그림 1 환경부하와 라이프사이클

재료나 에너지를 정량적으로 파악하고 그러한 것에 각각의 CO_2 배출원단위를 곱하여 집계함으로써 CO_2 배출량을 산출하는 이벤트 트리 분석을 한다. 여기에서 수집하는 데이터의 망라 정도와 정밀도에 의해 결과의 정밀도가 좌우된다. 이 이벤트 트리 분석에 부가하여 임팩트 평가, 통합 평가가 필요에 따라서 실시된다. 임팩트 평가에서는 예를 들면 CO_2 배출량에 기초를 두어 지구온난화로의 영향을 평가하고 더욱이 통합 평가에서는 다른 환경으로의 영향도 포함하여 피해량을 금액으로서 나타내는 등의 단일 지표로의 통합화가 시행된다.

3. 철도 분야로의 LCA 적용의 목적

철도 분야에서 LCA를 실시함으로써 철도 환경부하의 현실을 알고 또 환경부하의 더한층 저감을 계획하여 그 효과를 검증하는 것이 가능해진다.

철도에 기인하는 환경부하의 현상을 파악하고자 하는 경우, 일본의 철도 전체에서의 부하로부터 개개의 선구, 1량의 차량, 나아가서는 1인의 승객 이동 시의 환경부하까지 매크로로부터 미크로에 걸쳐 여러 가지 레벨이 있으나 이러한 것에 대해서 LCA를 실시함으로써 다른 수송기관과 비교하여 철도가 우위인 것을 나타내 보일 수 있다. 또, 철도에 있어서 환경부하가 큰 것은 어느 라이프스테이지인지, 어느 구성요소, 부품인가를 파악할 수 있으며 개선해야 할 대상을 명확히 할 수 있다. 환경부하 삭감의 대책을 검토하는 단계에서는 그 효과를 LCA에 의해 평가하여 충분한 성과가 얻어지는지 어떤지를 추정하고, 대책을 실시한 단계에서는 그 효과가 실적으로서 어느 정도인지를 LCA에 의해 검증할 수 있다. 즉, 철도로의 LCA 적용을 함으로써 철도의 환경우위성을 주장하고 모달 시프트를 촉진함과 동시에 철도 자신의 저환경부하화를 재차 촉진하는 것이 기대된다. 이하에 지금까지 실시한 몇몇 사례를 보인다.

4. LCA의 철도 분야로의 적용 사례

(1) 타 수송기관과의 비교

철도는 다른 수송기관에 비교하여 일반적으로는 환경부하가 적은 것으로 알려져 있으나 이것은 오로지 수송 시에 소비하는 연료가 적고 배출하는 CO_2가 적은 것에 근거를 두고 있다. 철도가 그 기능을 발휘하기 위해서는 주행하는 선로나, 전기를 공급하는 전차선 등의 인프라가 필요하다. 인프라의 환경부하를 포함해도 철도는 다른 수송기관보다도 CO_2 배출량이 적을 것인가. 산업 연관 분석법에 의한 매크로한 여객과 화물의 검토결과를 그림 2에 보인다. 그림 중의 '건설유지'는 지상 설비의 건설과 보수이며 '제조·수리'는 차량 등 이동체의 제조와 보수를 의미하고 있다. 일본 전체의 평균치에서 보면 인프라를 포함하여 철도가 우수하다는 것을 알았다.

그렇다면 철도를 정비하여, 다른 수송기관으로부터 철도로의 모달 시프트를 일으킨 경우, 그 환경부하 저감효과는 어느 정도로 될 것인가를 그림 2에 보인 값을 이용하여 시산하여 본다. 예를 들면 여객 분야에서의 승용차 수송의 10%를 삭감하여 철도에 5%, 버스에 5% 모달 시프트하고 화물 분야에서의 트럭 수송의 10%를 삭감하여 철도에 5%, 선박에 5% 모달 시프트 하는 것으로 한다. 그 결과 여객 분야에서 6.4%, 화물 분야에서 8.1%의 CO_2 배출 삭감이 되어 전체로서는 7.2%의 삭감이 추정된다.

다음에 철도 측에서 얼마간을 개선함에 따른 모달 시프트 유발과 그 결과로서의 CO_2 삭감의 평가를 한다. 철도화물 수송에서는 그림 3에 보인 종래의 측선을 사용하는 컨테이너의 하역 방식으로부터, 1선 through의 E&S 하역방식(Effective and Speedy Container Handling System)으로 변경함으로써 하역 시간이 단축된다. 예를 들면 미야기(宮城) 현 내의 화물역을 개량함으로써 하역 시간으로서 2시간 반 정도의 단축이 기대되며 그것에 의해서 유발되는 트럭으로부터 철도화물로의 모달 시프트에 의해 약 15,000t-CO_2/년의 삭감이 생길 것으로 추정된다.

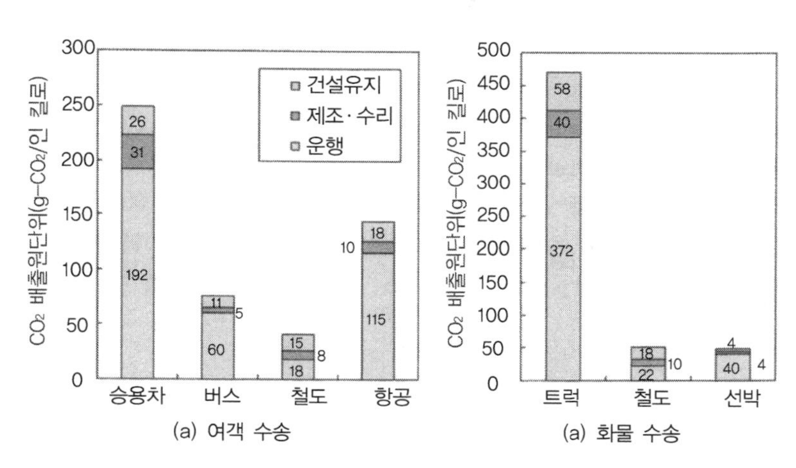

그림 2 각 수송기관의 CO_2 배출원단위(건설·제조를 포함. 2000년 생산연관표)

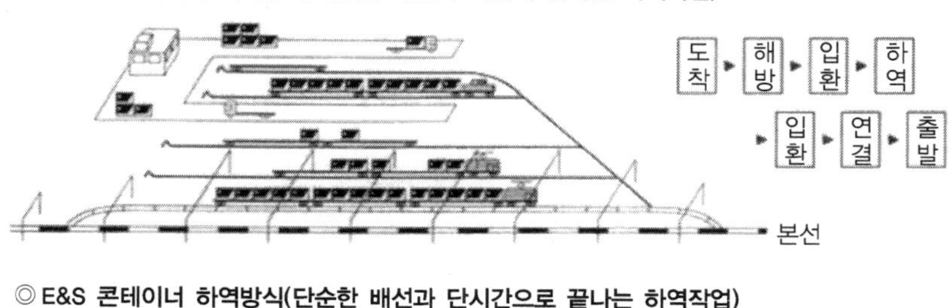

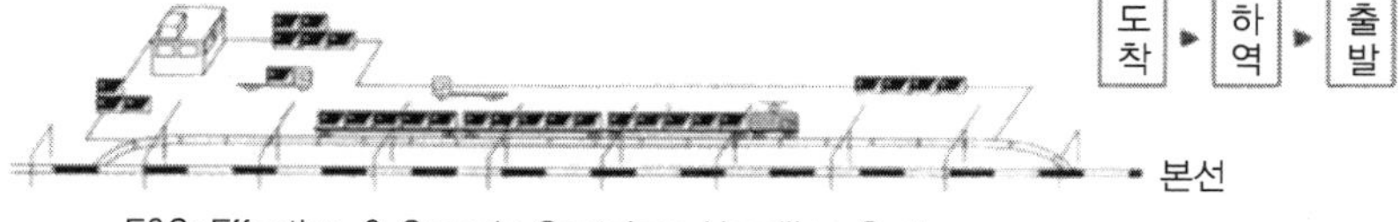

E&S=Effective & Speedy Container Handling System

그림 3 E&S 하역방식(JR화물 홈페이지)

(2) 철도의 저환경부하화의 추진

철도 자신도 더욱 환경부하저감이 요구되고 있다. 그 추진을 위해서는 현실의 철도는 어느 부분의 환경부하가 클 것인지를 검토하였다. 고밀도·대량 수송을 하고 있는 신칸센(그림 4)이나 통근전차에서는 주행 시의 전력 소비에 기인하는 CO_2 배출량이 전체의 8~9할을 차지한다. 이것으로 부터 차량의 생에너지화가 유효한 것을 알았다. 차량의 에너지 소비에 영향하는 인자로서는 주행 조건이 일정하다고 하면 차량 중량, 공기 저항 등을 들 수 있다. 그림 5는 신칸센 차량의 차량 중량, 공기 저항을 저감한 경우의 효과를 추정한 사례이다. 선구나 주행 패턴 등의 조건이 결정되면 소비 전력량을 추정하여 CO_2 배출량을 추정할 수 있다.

철도에서 사용되는 재료를 변경함에 의한 환경부하 저감도 평가의 대상으로 된다.

종래의 시멘트를 채용한 경우에 비교하여 제조단계에서의 CO_2 발생량을 대폭으로 감소할 수 있는 "지오폴리머" 콘크리트는 화력발전소에서 발생하는 석탄회에 규산 알카리 용액을 혼합하여 제조한다. 전자가 시멘트의 제조단계에서 많은 CO_2를 배출하는 것에 대해 후자는 산업 부산물을 주원료로 하기 때문에 환경부하가 낮아진다. 이벤트 트리 분석결과에서는 그림 6에 보인 바와 같이 약 8할의 저감이 전망된다. 현재, 침목 등으로의 적용을 목표로 하여 배합이나 처리 조건 등의 검토를 하고 있다.

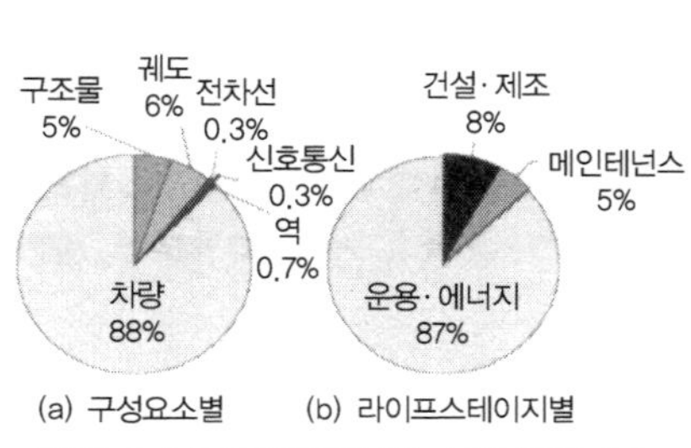

그림 4 토카이도(東海道) 신칸센의 CO_2 배출량비(누적법에 의한 시산)

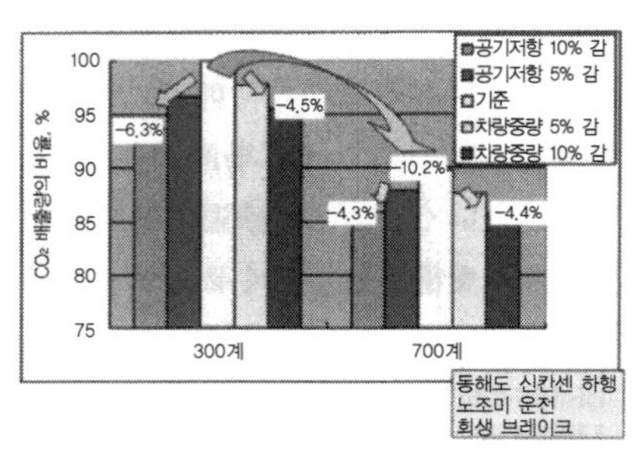

그림 5 주행 시의 CO_2 배출량에 미치는 차량 중량과 공기저항의 영향

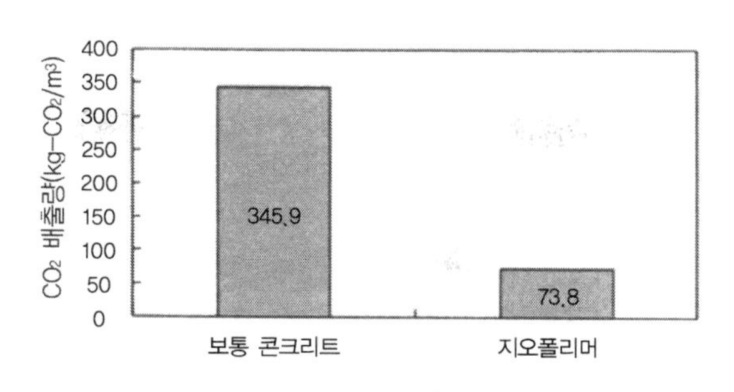

그림 6 콘크리트의 이벤트 트리 분석

5. 향후의 전개

다른 수송기관에 비해 환경부하가 적은 것으로 알려져 있는 철도의 더한층 환경부하저감을 향하여 생에너지 기술이나 에코 재료(Eco Material)의 철도로의 도입이 요망되며 그를 위한 연구·기술개발이 지금까지 이상으로 활발히 시행되어 오고 있다. 그러한 신기술·신재료가 환경부하 저감에 어느 정도 기여할 것인가의 사전 평가는 중요하며 향후는 철도의 모든 장면에 적용할 수 있는 것과 같은 LCA 수법이나 원단위의 정비를 계속해나간다. 특히, 철도의 사용단계에 있어서의 에너지 소비를 적확히 평가할 수 있는 체계를 구축하여 둘 필요가 있다.

참고문헌

1) 相原直樹, 辻村太郎 : '東海道新幹線のLCA手法による環境負荷の基礎的研究', 鉄道総研報告, 第16巻, 第10号, 2002. 10.

◆ 안전의식 향상을 목표로 한 사고의 그룹 간담회 수법

1. 배 경

현장에서 일하고 있는 작업자는 각각, 자신이 벌인 실패나 섬뜻했던 경험, 평소 위험하다고 느끼고 있는 작업이나 개소에 관한 사항, 자기 나름대로 시행하고 있는 연구 등 많은 위험에 관한 정보(리스크 정보)를 가지고 있다. 종래, 이와 같이 작업자 각자가 가지고 있는 리스크 정보는 업무 사이나 휴식 시간, 흡연소나 대기소 등의 잡담 중에서 공유되고 있었던 것이다. 그렇지만 최근에는, 작업자 간의 연령 차이나 작업의 여유 시간 감소, 금연구역 설정이나 휴식 공간 감소 등에 의해 잡담 기회 자체가 줄었기 때문에 리스크 정보는 공유되는 것이 적어져 오고 있다.

이 때문에 작업자로부터 아차사고 정보를 모아 경향을 분류·집계하거나 중요한 정보는 공개하거나 하여 리스크 정보를 공유하고자 하는 활동이 많은 현장에서 시행되고 있다. 그러나 아차사고 정보가 모이지 않고 모인 정보를 어떻게 분석하면 좋을지 알지 못하며 피드백 방법을 모르는 등, 잘 기능하고 있지 않은 경우가 많다.

이와 같은 현상을 판단의 근거로 삼아 사고의 원인이나 대책에 대해서 모두 털어놓고 서로 이야기하는 장을 정기적으로 설치함으로써 작업자 각자가 가지고 있는 리스크 정보를 공유하고자 하는 것이 사고의 그룹 간담회이다.

2. 사고의 그룹 간담회 수법의 개발

2.1 방법

우선, 사고의 원인이나 대책을 분석하는 것을 목적으로 개발된 사고분석의 방법을 이용하여 그룹 간담회를 철도 운전사 직장에서 시행하였다. 이 간담회 장면을 분석함으로써 리스크 정보 공유, 안전의식 향상을 목적으로 한 간담회 수법을 개발하였다.

1회 시행에는, 6명의 운전사가 참가하여 미리 시행 방법 등을 협의시킨 2, 3

인의 진행역(facilitator)이 간담회를 진행하였다. 테마는 입환신호 모진(冒進) 사고이며 전부 5회 실시하였다.

2.2 결과

그룹 간담회의 시행 장면을 비디오 촬영하여 분석한 경우, 주요한 문제가 3가지로 명확해졌다.

① 토의된 사고 원인이 사고자를 중심으로 한 사람의 문제에 치우쳐 버리는 것(표 1)
② 실현성이 부족하고 또는 추상적인 대책만이 많이 거론되는 것
③ 설비 요구나 개선 등의 대책이 많이 거론되고 자주적인 대책이 적은 것 (표 2)

사고의 원인에 대해서는 진행역(facilitator)이 왜 그와 같은 사고가 생겼는지(1회째 : 원인의 추구), 왜 그와 같은 원인이 생겼는지(2회째 : 원인의 원인 추구), 게다가 왜 그와 같은 원인의 원인이 생겼는지(3회째 : 원인의 원인의 원인 추구)와 같이 3회 '왜'를 반복하여 물어봄으로써 논의를 찾는 것과 같은 방법을 취하였다. 그러나 특히 원인을 찾아 추구해나갈수록 기기나 수속 등의 원인은 화제에 오르지 못하고 사고를 유발한 사람을 중심으로 한 사람의 문제에 치우친 논의로 되고 있었다(표 1).

표 1 사고의 그룹 간담 시행에 있어서 의논된 사고 원인

원인의 종류	원인 추구의 횟수					
	1회째		2회째		3회째	
사람	초조	6	열차 지연의 우려	4	책임회피	3
	경험부족	6	사회적 압력	1	트러블의 근심	3
	습관	2	명령의 고수	1	효율 중시	3
	:		:		:	
	합계	26	합계	11	합계	22
기기	신호의 보기 나쁨	6	사고의 낡음			
	통일성의 결여	1				
	표식의 오인	1				
	:		:		:	
	합계	13	합계	1	합계	0

대책은 우선 '작업시간을 신경쓰지 않는다'나 '어려운 업무는 맡지 않는다' 등 실현성이 부족한 것이나, '더욱 주의한다', '안전의식을 높인다' 등의 추상적인 것이 많이 거론되었다. 이와 같은 현실성이 부족한 대책을 논의하여 이것으로서 대책을 고려한다는 의식을 가져 버리면 역으로 안전의식이 저하할 가능성이 있다. 형태만의 대책을 고안하기보다도 사고방지 대책을 고려하는 것의 어려움을 깨닫는 쪽이 안전의식을 높이는 데에는 유용하다.

또, '입환신호기를 더욱 보기 쉽게 한다', '차량을 새롭게 한다' 등 새로운 설비나 기기의 도입이나 개선을 요구하는 대책이 많이 논의되는 상황이 보였다(표 2). 설비 요구나 개선 등의 대책도 중요한 것이지만 안전의식 향상을 목적으로 한 경우에는 자신들이 어떻게 사고를 막아낼 것인가라는 것이 논의되어야 한다. 따라서 이 점에 대해서도 연구할 여지가 있는 것을 알았다.

표 2 논의된 대책의 종류와 횟수

시행 수	자주적인 대책	설비요구, 개선 등
1	3	3
2	3	3
3	4	5
4	3	11
5	5	6

3. 사고의 그룹 간담회 수법

시행 결과, 명확해진 문제점의 개량을 중심으로 참가자의 리스크 정보의 공유와 안전 의식의 향상을 목적으로 한 사고의 그룹 간담회 수법을 개발하였다.

2, 3인의 진행역(facilitator)이 준비된 사고나 아차사고를 주제로 4, 5인의 참가자와 함께 원인이나 대책에 대해서 이야기 하는 것이다. 간담회는 크게 (1) 사고 이미지의 토의단계(30분), (2) 사고 원인의 토의(30분), (3) 사고방지 대책의 토의(30분)로 나뉜다(그림 1).

사고 이미지 토의단계는 더욱더 사고의 발생경위나 상황의 이미지에 관한 토의와 사고의 중대성의 이미지에 관한 토의로 나누어진다. 전자에서는 사고가 어떤 흐름으로서 발생하였는지, 상황을 가능한 한 구체적으로 이미지 하도록 이야기한다. 후자는 화제로 하고 있는 사고가 최악의 경우 어떻게 발전하여 갔을 가능성이 있는지를 이야기한다. 이것에

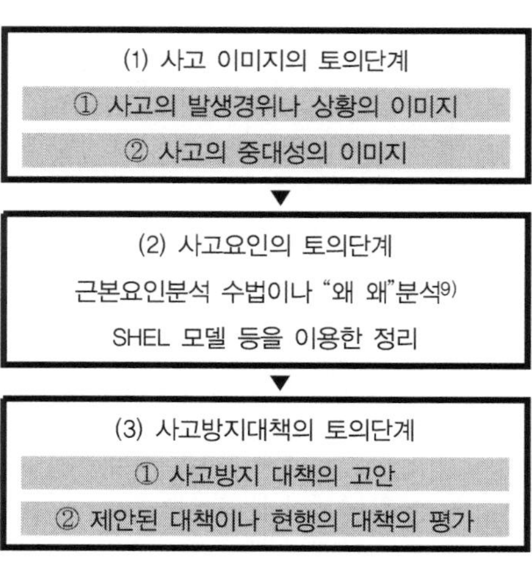

그림 1 사고의 그룹 간담회 흐름

9) '왜 왜 분석'이란, '왜'라고 하는 물음을 반복하는 것으로, 문제의 바닥에 잠재하는 진정한 원인을 조사해, 진정한 원인에의 대책을 강구하는 개선 기법을 말한다. 역자 주

참가자가 사고를 자신의 것으로서 인식하였거나 사고의 중대성을 인식하였거나 하는 것을 재촉한다.

사고 요인의 토의단계에서는 진행역(facilitator)이 참가자에게 '왜'를 반복하여 물음으로써 사고 원인을 깊게 추구해나간다. 이때에 사고를 일으킨 사람의 문제에 원인이 치우치지 않도록 진행역(facilitator)은 사고 원인의 골조를 이용하여 의논에 올리지 않은 원인에 관한 발언을 재촉해나간다. 여기에서는 사고 원인을, 사람을 중심으로 하여 사람과 소프트웨어(Software), 사람과 하드웨어(Hardware), 사람과 환경(Environment), 사람(Liveware) 및 인간관계의 문제에 대해서 파악하는 SHEL 모델을 이용하여 논의의 편중을 조정하는 것을 장려하고 있다.

최후의 사고방지 대책의 토의단계는 더한층 사고방지 대책의 고안단계와 제안된 대책이나 현행의 대책의 평가단계로 나누어진다. 전자에서는 설비 요구나 개선에 관한 대책에 논의가 치우치는 것이 없도록 설비 요구나 개선에 관한 대책과 자신 등 자신으로서 시행하는 대책의 2방향으로부터 논의하도록 재촉한다. 후자에서는 제안된 대책이나 현행의 대책이 정말로 실행 가능한지 혹은 정말로 사고가 방지되는지를 되돌아보고 평가한다. 이것에 의해 유효한 대책을 고려함의 어려움을 깨닫는 것이 사고로의 의식을 높이고 안전의식을 높이는 것에 관련된다.

4. 사고의 그룹 간담회의 효용

사고의 그룹 간담회의 각 토의단계를 통하여 사고나 아차사고에 대한 중대성의 인식, 위험을 감지하는 능력(위험 감수성), 작업자 각자가 가지고 있는 리스크 경험의 공유, 동료의 실패 경험을 들음에 의한 리스크로의 공감, 작업자 각자가 하고 있는 사고방지 연구의 공유, 유효한 대책을 고려하는 것의 어려움의 깨달음 등이 참가자에게 생긴다. 이러한 구체적인 효용이 현장의 안전 의식의 향상이나 안전 문화의 양성에 연결되어 가는 것을 기대할 수 있다(그림 2).

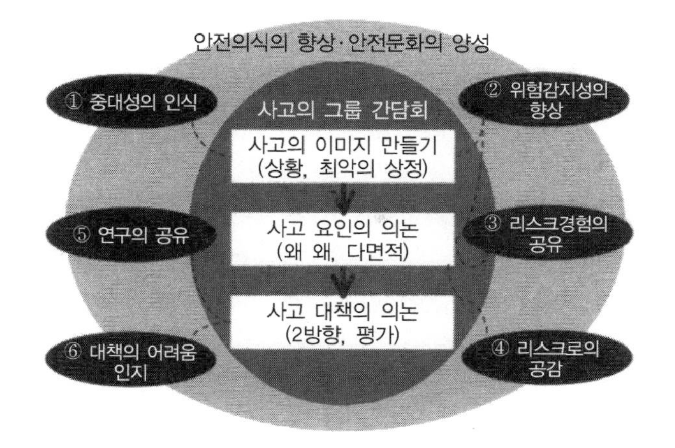

그림 2 사고의 그룹 간담회의 효용

5. 사고의 그룹 간담회의 현장도입을 향하여

사고의 그룹 간담회를 여러 가지 현장에 도입할 수 있도록 현재, 실시 매뉴얼을 작성 중이다(현재 시작판(試作版)이 나와 있다. 그림 3). 또 모의 그룹 간담회를 하면서 간담회의 진행 방향을 배우고 진행역(facilitator)용의 연수회 프로그램(표 3)을 작성하여 몇몇 철도회사에서 실시하고 있다.

그림 3 사고의 그룹 간담회 매뉴얼(시작판)

표 3 사고의 그룹 간담회 진행역(facilitator) 연수의 타임 스케줄

시간	내용
13:00–14:30	사고의 그룹 간담의 목적과 방식(강의)
14:30–14:40	휴식
14:40–16:10	사고의 모의 그룹 간담회
16:10–16:20	휴식
16:20–17:00	도입에 즈음하여(강의, 의견 교환)

◆ 일반 철도의 소음 저감을 위한 대처

1. 서 론

철도연선에 있어서의 환경문제에는 소음이나 지반 진동 등을 들 수 있으며 신칸센이나 재래 철도의 소음에 대한 사회적 요구나 관심이 고조되고 있다. 재래 철도의 소음에 관해서는 1995년에 '재래 철도의 신설 또는 대규모 개량에 즈음해서의 소음 대책의 지침에 대해서'가 환경청(당시)으로부터 통지되었다. 이 지침은 재래 철도의 신선 및 대규모 개량선을 대상으로 환경 변화에 의한 소음 문제의 미연 방지를 주안으로 한 것이지만 재래 철도의 기설선도 포함하여 양호한 지역 환경에 배려한 철도 정비를 하는 것이 중요해지고 있다.

철도총연에서는 신칸센, 재래 철도 소음의 저감을 목표로 하여 차량, 궤도, 환경, 재료 등 많은 분야로부터 철도 소음의 평가·해석이나 저감법의 개발을 진행하고 있다. 여기에서는 재래 철도 소음에 대해 시행하여 온 연구의 일부를 소개한다.

2. 재래 철도 소음의 음원해석과 예측법

재래 철도 소음을 구성하는 주요한 음원은 콘크리트 고가교의 직선 장대 레일 구간을 전철이 통과하는 경우, 전동음, 주전동기 팬음과 구조물음이다. 전동음은 철도 차량이 통과할 때 차륜과 레일이 진동함으로써 방사되는 음이다. 주전동기 팬음은 재래 철도의 전차에서 구동 모터를 탑재한 차량에 특유한 소음이며 주전동기와 동축에서 고속회전하는 냉각용 팬으로부터 발생하는 일종의 공력음이다. 또 구조물음은 차량의 주행에 따른 콘크리트교, 철거더교 등의 구조물 진동으로부터 발생하는 음이다. 현장시험 등의 결과를 토대로, 이러한 3가지의 음원의 속도 의존성이나 음원 파워 레벨 등의 특성을 조사하고 각 음원의 연선 소음에 대한 기여도를 차량·궤도 조건별로 평가하였다. 그 결과 외선형(外扇型) 팬인 전철(주로 구형의 통근형 전철)에서는 주전동기 팬음이 큰 기여를 차지하며, 내선형(內扇型) 팬의 전철에서는 속도 100km/h 정도까지는 전동음의 비율이 크지만 속도가 130km/h를 넘으면 주전동기 팬음의 기여가 전동음을 상회하는 것(그림 1), 高헤드 내선형(內扇型) 팬을 탑재한 최신 차량에서는 재래 철도의 전체 속도역(~160km/h)에서 전동음이 차지하는 비율이 반 정도를 넘는 것이 명확해졌다.

또, 현장시험에 있어서 레일 두정면(頭頂面) 요철과 차륜 답면(踏面) 요철의 측정, 레일 진동·소음 측정을 동시에 실시하여 차륜·레일 요철과 전동음의 크기와의 관계를 조사하였다. 그 결과, 차륜·레일의 요철 분포에 있어서의 경향이 전동음에 반영되고 있는 것을 알았다. 이것에 의해서 전동음의 발생 메커니즘으로서 차륜·레일 면 위에 존재하는 미소한 요철에 기인하는 가진력에 기인하여 차륜·레일이 진동하여 음이 방사되는 모델이 타당하다는 것을 확인하였다. 또, 차륜 종별과 전동음의 관계를 현지시험(그림 2), 정치 가진 시험을 통하여 검증하여 차륜의 형상에 의해서 그 방사음에 차가 있다는 것을 확인하였다.

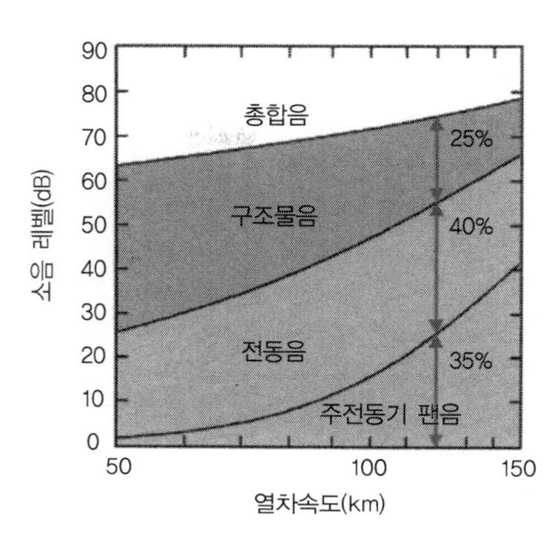

종측은 각 음원의 에너지비, 고가교 높이 RL−GR=7.2m, 방음벽높이 : R.L.+1.2—, 궤도 : 발라스트궤도, 차량조건 : 6M4T, 내선형 팬, 톱니바퀴비 : 6

그림 1 재래 철도 소음의 음원별 기여도 추정 예

이러한 해석결과를 토대로, 소음 예측 수법을 에너지 베이스의 계산 모델에 기초를 두어 구축하였다. 이 예측 수법에서는 재래 철도 소음을 음원 요소마다 이산점(離散点) 음원열(音源列)로서 모델화(그림 3)하여 음원 위치 파워 레벨(단발소음폭로 레벨)을 음원요소, 궤도·구조물 조건, 차량 종별 및 열차 속도마다 정함으로써 다양한 상황에서의 음원 레벨을 예측한다. 이산점 음원열 모델을 이용함으로써 주전동기 팬음과 같이 열차 편성 중에 국부적으로 존재하

그림 2 타원체 장치에 의한 음원 분석 계측 예[부수차(付隨車)]

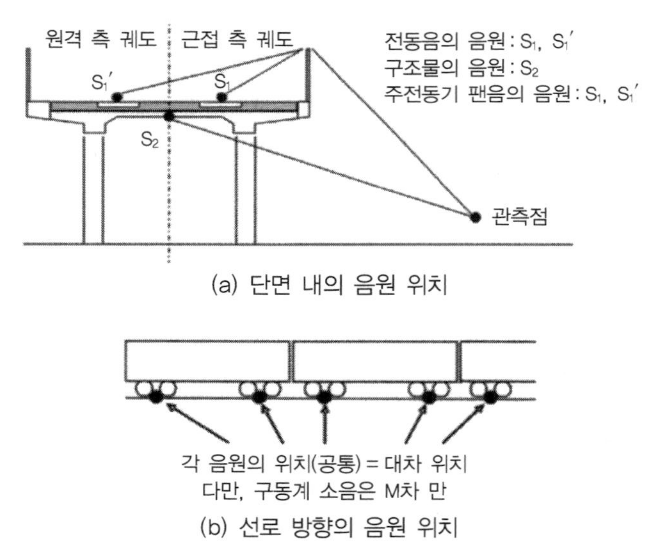

(a) 단면 내의 음원 위치

(b) 선로 방향의 음원 위치

그림 3 소음 예측법에 있어서의 음원 모델

는 음원을 명확히 표현할 수 있게 됨과 동시에 각 음원의 파워 레벨을 정하면 기관차 혹은 기동차에도 적용이 가능하게 되었다(현 단계에서는 전차에만 적용 가능). 또, 에너지 베이스의 계산 모델을 이용하고 있기 때문에 시간 중요도 특성 S에서의 최대 레벨값(LpA, Smax)만이 아니라 재래 철도 소음의 지침에 있어서 평가치로 되어 있는 등가 소음 레벨(LAeq, T)의 예측을 할 수 있다.

이 예측 수법은 그 예측 정밀도의 향상을 도모함과 동시에 고소(高所) 공간 등으로의 적용 범위 확대를 추진하고 있다.

3. 재래 철도 소음의 저감대책 예

철도 소음의 연선으로의 전파를 효과적으로 저감하기 위해 최적인 형상을 가진 방음벽을 축척 모형실험을 통하여 찾았다. 그 결과, Y형 방음벽이 전동음에 대해서 높은 차폐 효과를 가지며 철도용 방음벽으로서 우수한 형상이라는 것을 알았다. 그래서 Y형 방음벽을 영업선에 있어서 시험적으로 시공하고(그림 4) 흡음재 등의 대책과 조합함으로써 통상의 높이 2m의 직립형 방음벽에 비해 전동음에 대해 4dB 정도의 저감효과를 가지는 것을 확인하였다.

그림 4 Y형 방음벽

또, 전동음 대책으로서 진동 감쇠성능을 가지는 고분자 점탄성층과 제진강판으로서 구성된 레일 방음재의 개발을 하였다(그림 5). 이 레일 방음재는 시공성이나 유지관리성을 고려하여 착탈 가능한 사양이다. 레일에 대해 레일 방음재를 시공함으로써 레일 근방에서 3dB 정도의 소음 레벨 저하를 확인하였다.

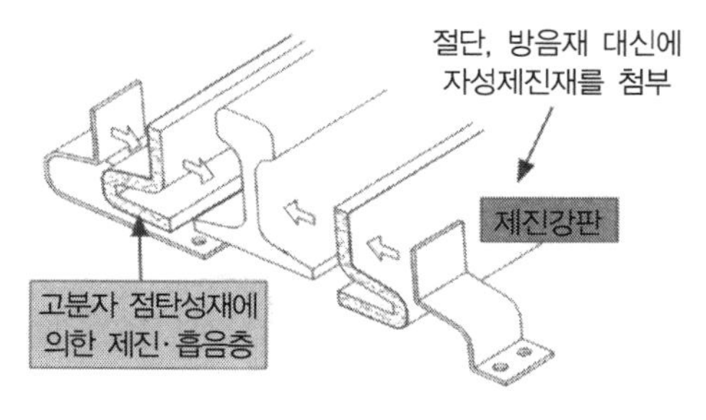

그림 5 레일 방음재

4. 향후의 대처

철도 소음을 구성하는 각 음원에 대한 효과적인 대책의 개발을 추진해나가기 위해서는 보다 정량적인 관점에서 각 음원에 대한 연구개발을 추진하고 각 음원의 특성을 파악하기 위한 측정 수법의 개발이 필요하다. 음원해석 결과는 소음 예측 수법을 구축하기 위한 기초 데이터로서뿐만 아니라 소음 저감대책을 진행할 때의 지침으로 활용된다. 또, 전동음, 구조물음에 관해서는 그 발생 메커니즘에 기초를 둔 예측 수법의 개발을 추진하는 것이 필요하다. 차량이 주행하는 상황에 있어서의 차륜, 레일과 구조물의 진동특성, 차륜·레일 간의 접촉 영역에서의 현상 등을 파악함과 동시에 해석 결과로부터 각 현상에 대응한 진동·음향 모델을 구축하여 전동음·구조물음 예측법 개발을 진행할 예정이다.

참고문헌

1) 北川敏樹, 長倉清, 緒方正剛：在來鉄道における騷音予測方法, 鉄道総研報告, Vol. 12, No. 12, 1998.
2) 善田康雄, 田中愼一郎, 長倉清, 小原孝則, 佐藤潔, 南秀樹：転動音に及ぼすレール・車輪凹凸と車輪形狀の影響, 鉄道総研報告, Vol. 18, No. 11, 2004.
3) 安部由布子, 長倉清, 北川敏樹：在來鉄道騷音の予測手法に関する検討, 日本音響学会, 騷音・振動研究会資料, N-2005-01, 2005. 1.
4) 村田香, 長倉清, 北川敏樹, 田中愼一郎：Y型形狀をベースにした新幹線用防音壁の遮蔽效果, 鉄道総研報告, Vol. 20, No. 1, 2006.
5) 間々田祥吾, 半坂征則, 佐藤潔, 鈴木実：遮音機能を有するレール防音材の開發, 鉄道総研報告, Vol. 21, No. 2, 2007.

◆ 철도 공간의 유니버설 디자인

1. 배리어 프리로부터 유니버설 디자인으로

생활의식의 고도화·다양화에 따라 여러 가지 장면에서 '배리어(barrier)'가 발견되어 그것으로의 대응이 요구되고 있다. 종래 이러한 문제는 장애인에 대한 복지차원의 취급이었으나 현재는 고령 사회의 진전도 있어 연령적인 것이나 일시적인 '이동 제약자'까지 포함하여 전체 사람이 사용하는·사용하기 쉬운 '유니버설 디자인(이하, UD)[10]' 사고방식이 철도사업에 대해서 중요해질 것으로 생각된다. 향후 증대할 고령자 인구의 철도 이용을 촉진하기 위해 UD가 불가결한 것으로 되고 있다.

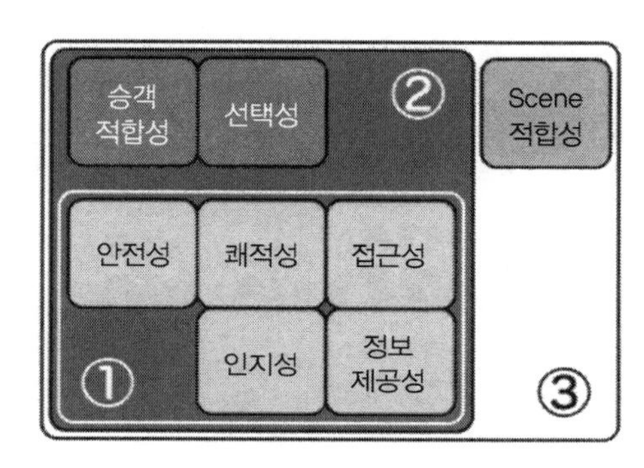

①은 지금까지의 사고방식
②와 ③은 유니버설 디자인적 시점

그림 1 차내 설비의 유니버설 디자인의 7+1 원칙

UD란 배리어 프리(barrier free, 이하, BF)·디자인, 어댑티브(adaptive) 디자인, 그리고 트랜스제너레이션(trans generation) 디자인을 결합한 것으로 정의되고 있다. BF의 경우는 특정 장해 대책을 위해서는 최소한 무엇이, 어느 정도 필요한가라는 정량적인 검토가 주체라고도 할 수 있으나 UD에서는 구체적인 수치라기보다 방책을 조합시키는 쪽의 문제이며 해결할 디자인은 몇 가지가 고려된다.

철도 시스템은 많은 여객의 집중적 이용이라는 특수성이 있어 일반적으로 이용되고 있는 디자인을 그대로 적용할 수 없는 경우가 많으며 또 매일 열차를

10) 유니버설디자인(Universal Design, UD로 약칭) : 문화·언어·국적의 차이, 남녀노소라고 하는 차이, 장해·능력의 여하를 불문하고 이용할 수 있는 시설·제품·정보의 설계(디자인)를 말한다.

운행하고 있으므로 전체를 근본적으로 변경하는 것은 곤란하다. 게다가 '지나치게 고가인 방책은 보급되지 않으므로 유니버설은 될 수 없다'라고 하는 것처럼 지나치게 큰 비용은 UD에 반하는 것으로도 된다는 점에도 고려가 필요하다. 이러한 조건 중에서 철도 시스템을 BF에 머물지 않고 UD화해나가기 위해서는 검토해야 할 과제는 많다.

이와 같은 배경으로부터 다음 시대에 있어서의 철도 이용 증진을 도모하기 위해 철도 공간 전체의 UD화를 위해 이하와 같은 과제에 몰두하였다. 또한 이러한 개발의 일부는 국토교통성의 보조금을 받아 시행되었다.

2. 차내 설비

(1) UD 체크리스트

UD의 검토가 진행하고 있는 분야를 참고로 철도 차량이 이용되는 상황의 특징을 가미하여 철도 차량에 요구되는 UD의 7+1 원칙을 제안하고(그림 1) UD의 달성도를 평가하는 체크리스트를 작성하였다.

(2) 모델 디자인

통근 근교 차량의 차내 설비는 공공성이 높고 다양한 사람에게 사용하기 쉬운 것이 바람직하다. 그러나 주행 중인 진동 환경하에서 차내 설비를 평가하는 것이 곤란하므로 각종 차내 설비에 대해서 진동 환경하에서의 검토는 별로 시행되고 있지

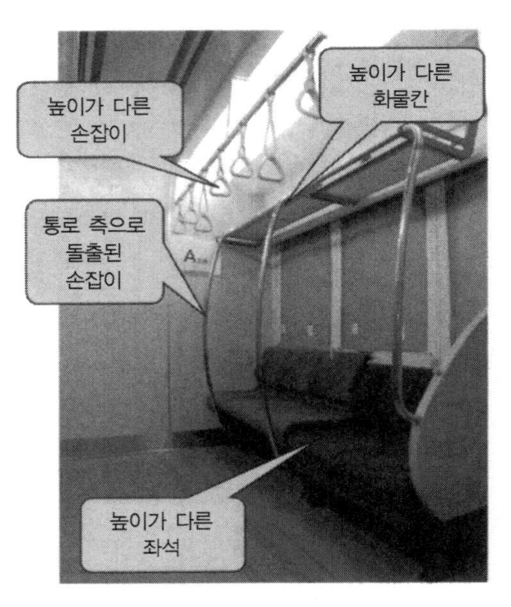

그림 2 차내 설비의 모델 디자인

않았다. 그래서 현실의 문제점을 앙케트 조사에 의해 정리한 후에 개선 제안을 위한 실험을 주행 중의 환경에서 시행하였다. 또한 실시 사항의 일부는 토큐(東急)차량제조주식회사와의 공동연구로서 실시되었다.

이러한 실험 결과를 받아 전술한 '철도 차량의 UD 7+1 원칙'의 관점으로부터 사양을 정하고 차내 설비의 모델 디자인(그림 2)을 제안하였다. 매닮 손잡이, 좌석, 화물난간은 선택사항을 제공한다는 관점에서 각각 2종류의 치수를 설정하였다. 손잡이는 통로 측으로 내밀고 울타리 칸막이의 형상을 변경하였다. 이 설비에 대해 키 차이가 큰 피험자(被驗者)들에게 진동 환경하에서의 평가를 받았다. 손잡이를 통로 측으로 내어 붙임으로서 기능이 의미 있게 상승하고 시각적인 방해나 승강의 용이성이 종래와 바뀌지 않은 것이나 제안한 매닮 손잡이 높이의 허용 범위 타당성 등을 확인하였다. 매닮 손잡이, 좌석, 화물난간의 어느 것에 대해서도 치수를 2종류 설정하는 것에 대해 과반수가 찬성하였다.

3. 역설비

(1) UD 체크리스트

개개의 배리어에 대한 설계 수법·지침 정비는 진행하고 있으나 배리어는 많은 이용자에 대해서 복합적인 것이며 배리어의 개선책이 역의 기본적인 구성요소(자유통로·콩코스·계단·에스컬레이트 등) 전체에 걸쳐 유기적으로 구성됨으로써 보다 사용하기 쉬운 역을 실현할 수 있다. 그래서 유니버설 디자인의 시점으로부터 '이동하기 쉬움', '알기 쉬움', '사용하기 쉬움'의 3가지 점을 축으로 배리어의 개선책과 역의 기본적인 구성요소에 대한 체크리스트를 작성하고(그림 3) 아울러 이용자의 의식을 척도로 이용한 역의 이용 용이성을 종합적으로 평가하는 수법을 개발하였다.

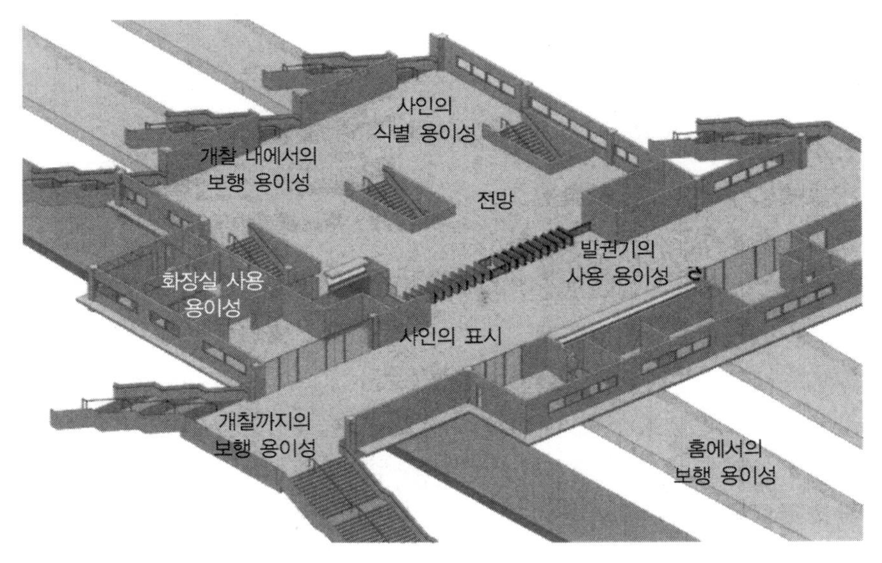

그림 3 역설비의 체크 항목

(2) UD화 검토 항목

역설비의 UD화를 위해 이하의 연구개발을 하였다.

- '이동하기 쉬움' : 휠체어로의 이동부담, 계단의 보행부담, 에스컬레이터 최적 배치, 여객 유동의 교착(交錯) 평가 등
- '알기 쉬움' : 시각 장애인 대상 정보제공 시스템, 리얼타임 유도안내 시스템 등
- '사용하기 쉬움' : 발권기의 조작성 평가 등

이중에서 시각 장애인 대상 정보 제공 시스템에 관해서 상세히 기술한다. 종래의 철도 이용에 있어서의 정보 제공은 불특정 다수를 대상으로 획일적으로 제공되고 있는 정보 중에서 이용자 자신이 정보를 찾아내어 판단을 함으로써 시행되어 왔다. 이것은 철도 이용 자체를 번잡하게 하고 특히 고령자나 장애인

에 대해서 배리어가 되고 있다. 이 문제의 해결을 위해서는 개개의 이용자의 장소나 상황에 따른 새로운 정보 제공 방식이 필요로 되고 있다.

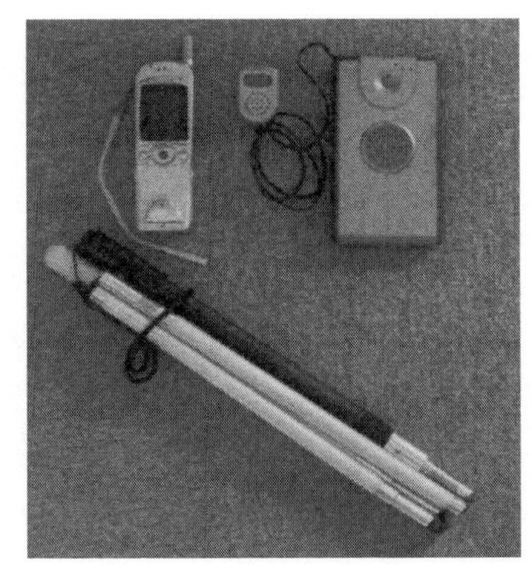

그림 4 시각 장해자 대상 정보제공 시스템

이와 같은 이용자 개인에 대응한 정보 제공 시스템이란 이용자의 위치를 정확히 파악하고 그 장소의 속성 정보를 취득하여 유저의 의도에 따라 그 장소나 상황에 적합한 정보 제공이나 유도 안내를 유저에 대해서 가장 적절한 형식으로서 시행하는 것이 요구된다. 이러한 요구 사양의 실현을 위해 ① 정보를 수취하는 수단으로서 이용자가 항상 정보 취득 장치를 휴대하고, ② 그 장치는 이용자로부터의 요구에 대응하기 위한 휴먼 인터페이스와 인텔리전스를 가지고, ③ 일원 관리된 최신의 정보를 유지하는 것이 가능한 것과 같은 시스템 구성을 고려하였다. 더욱이 역 안에서 가장 불편을 느끼고 있다고 생각되는 시각 장애인을 대상으로 한 시스템의 실현을 검토하여 시험제작을 하였다. 본 시스템은 RFID 태그가 매입된 유도 블록, 이용자가 가진 휴대 단말 장치와 지팡이의 3가지로서 구성된다. 그림 4에 시험제작된 휴대단말과 지팡이의 외관을 보인다. 또한, 그 후의 개량에서 휴대 단말은 휴대전화를 사용하는 것으로 하고 있다.

(3) 모델 플랜

UD에 관한 검토 결과를 현실의 역으로의 적용 시에는 많은 제약이 있어 부분적·단계적인 개량이 주체가 된다. 그러한 실상을 근거로 일반적인 선상역을 UD화한 이미지를 그림 5에 보인다. 또한, 그림에는 다양한 수법을 포함시키고 있으므로 그러한 것 중에서 실태에 맞는 수법을 선택하게 된다.

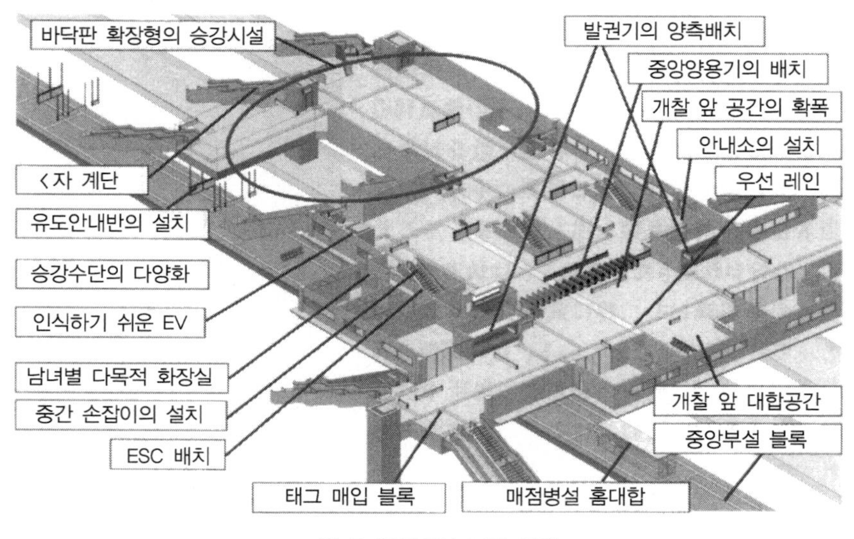

그림 5 역설비의 모델 플랜

4. 향후의 대처

배리어 프리화가 진전되고 있는 중인 현재 이것으로부터는 한층 더 유니버설 디자인을 의식하여 개선이 요구될 것으로 생각된다. 여기에서 개발된 수법을 개량해나감과 동시에, 유니버설 디자인의 평가척도는 시대의 변화와 함께 항상 변동해나가는 것이므로 평가 기준 등의 정기적인 수정이 필요하다고 생각된다.

감사의 글

철도의 미래상을 찾고자 하는 조사 활동을 시작하고부터 이미 3년여의 시간이 경과하였다. 미래 사회의 영향 요인의 조사, 많은 통계 자료나 미래를 예상한 서적의 수집·검토, 그리고 그것으로부터 시나리오·플래닝으로 정리하기까지에는 많은 어려움을 극복할 필요가 있었다. 조사 그룹의 멤버에게 격려의 말을 보내고 싶다.

조사 보고서로부터 서적화에 즈음하여 쇼우다(正田) 회장을 비롯한 철도총연의 임직원 여러분으로부터 수많은 조언을 받았다. 진심으로 감사의 말씀을 드린다.

또, 조사 과정에서 일본 정책투자 은행의 모타니 코우스케(藻谷浩介) 씨로부터는 인구 성숙과제에 대해서, 작가인 미토유우코(三戸祐子) 씨로부터는 일본인의 시간 감각에 대해서 배웠다. 또한 캠브리지 대학의 여러분께서는 일본과 유럽 철도의 비교에 대해서 여러 가지 토의해주셨다. 모든 분께 심심한 사의를 표한다.

서적화에 즈음해서는 붓이 늦어지기 쉬운 집필진을 교통신문사의 하야시 후사오(林房雄) 씨께서 격려해주셨다. 깊이 감사한다.

철도가 교통 네트워크 중에서 중요한 역할을 계속하여 완수하는 것을 기원하는 것으로서 후언에 대신하고자 한다.

2009년 2월 오쿠무라 후미나오(奥村 文直)

「2030년의 철도」 조사 그룹 멤버

- 리더 : 奧村 文直
- 서브리더 : 青木 俊幸, 久保 俊一
- 멤버(50음순) : 新井 英樹, 上半 文昭, 大塚 潤, 小笠 正道, 柏木 隆行, 鴨下 庄吾, 北川 敏樹, 小島 謙一, 佐久間 豊, 重森 雅嘉, 柴田 宗典, 杉本 孝次, 辻村 太郎, 戸田 千速, 永友 貴史, 根津 一嘉, 野末 道子, 日比野 有, 宮内 瞳畄, 宮地 由芽子, 三和 雅史, 山本 貴光
- 어드바이저 : 稲見 光俊
- 사무국 : 宇治田 寧, 新井 理絵

저자 소개

재단법인 철도총합기술연구소 '2030년의 철도' 조사 그룹

역자 소개

이성혁 공학박사

- 1991년 영남대학교 공과대학 토목공학과 졸업(학사)
- 1993년 영남대학교 일반대학원 토목공학과 졸업(석사)
- 2005년 아주대학교 일반대학원 건설교통공학과 졸업(박사)
- 1995년부터 한국철도기술연구원에 근무 중이며, 서울과학기술대학교 철도전문대학원 겸임교수 역임. 국토해양부 철도기술 전문위원, 국토교통부 제2기 궤도건설심의위원, 경기도 건설기술심의 위원, 중앙건설기술심의위원, 철도시설공단 설계자문위원, 철도학회 궤도분과위원, 철도건설공학협회 부회장으로 활동 중이며 국토교통부 장관 표창 수여
- 주요 저서

『뉴패러다임 실무교재 지반역학』(씨아이알)
『지반공학에서의 성능설계』(씨아이알)
『건설 기술자를 위한 알기 쉬운 토목 지질』(씨아이알)
『전문가의 지혜로부터 배우는 토목 구조물의 유지관리』(씨아이알)
『건설 기술자를 위한 토목수학의 기초』(씨아이알) 외 다수

오정호 공학박사

- 1997년 고려대학교 공과대학 토목환경공학과 졸업(학사)
- 1999년 고려대학교 대학원 토목환경공학과 졸업(석사)
- 2004년 (미) Texas A&M University 토목공학과 졸업(박사)
- (미) 텍사스 교통 연구소 선임연구원을 거쳐 2012년부터 한국교통대학교 철도시설공학과 교수로 재직 중. 서울시 건설기술심의위원, 서울도시철도공사 시설분야 자문위원, 한국신소재복합구조학회 이사로 활동 중이며 2013년도 마르퀴스 Who is Who in the world 등재
- 주요 논문

「접속부 궤도 성토재료의 함수특성곡선을 이용한 포화도 분포 산정」(한국토목학회)
「Impact of repeat overweight truck traffic on buried utility facilities (J. of Performance of constructed facilities)」 외 다수

김성일 공학박사

- 1993년 서울대학교 공과대학 토목공학과 졸업(학사)
- 1995년 서울대학교 대학원 토목공학과 졸업(석사)
- 2000년 서울대학교 대학원 토목공학과 졸업(박사)
- 2003년부터 한국철도기술연구원에 근무 중이며, 서울과학기술대학교 철도전문대학원 겸임교수 역임. 국토해양부 철도기술 전문위원을 역임하였으며, 철도시설공단 설계자문위원, 서울특별시 건설기술심의위원, 한국교량및구조공학회 이사로 활동 중이며, 철도설계기준(노반편) 집필위원으로 활동하였음
- 주요 논문

「Experimental evaluations of track structure effects on dynamic properties of railway bridges (Journal of Vibration and Control)」 외 다수

철도의 미래 **2030**년의 **철도**

초판발행 2016년 3월 21일
초판 2쇄 2017년 9월 22일

저 자 재단법인 철도총합기술연구소 '2030년의 철도' 조사 그룹
역 자 이성혁, 오정호, 김성일
펴 낸 이 김성배
펴 낸 곳 도서출판 씨아이알

책임편집 박영지, 김동희
디 자 인 백정수, 윤미경
제작책임 김문갑

등록번호 제2-3285호
등 록 일 2001년 3월 19일
주 소 (04626) 서울특별시 중구 필동로8길 43(예장동 1-151)
전화번호 02-2275-8603(대표)
팩스번호 02-2275-8604
홈페이지 www.circom.co.kr.

I S B N **979-11-5610-197-0 93530**
정 가 **18,000원**